사랑하는 손주들아!
발명은 가까운 곳에서 시작된단다

세계발명왕,
발명특허기업인
남종현 할아버지의
발명 이야기
2

사랑하는 손주들아!
발명은
가까운 곳에서
시작된단다

남종현 지음

발명으로 세계 제일이 되자

사랑하는 손주들아! 세상에는 약 7,000개의 언어가 있고, 그중 문자를 가지고 있는 언어는 30개 정도이며, 만든 사람과 반포일 그리고 글자를 만든 원리까지 알려진 문자는 '한글훈민정음'밖에 없단다. 한글의 우수성은 유네스코가 1989년에 세종대왕상을 제정하고, 1997년에 세계문화유산으로 지정했다는 것에서 잘 알 수 있단다. 또 우리 민족은 세계 어느 나라보다도 앞서 금속활자를 발명했고, 측우기와 거북선을 발명했단다.

한국발명진흥회가 전국 15개 초·중·고교생 2,500명을 대상으로 설문조사를 실시한 결과, 응답자의 23.7%가 '한글'을 우리나라 최고의 발명품으로 꼽았다고 한다. 이어 측우기22.7%, 해시계15.5%, 거북선12.1%, 금속활자9.3%, 거중기7.0%, 물시계4.9% 순이었단다. 그 외에도 첨성대·석굴암·고려청자·팔만대장경 등이 꼽혔단다.

이처럼 우리 민족에게는 발명 DNA유전자가 있었기에 우리나라는 이미 오래전에 세계 4위의 산업재산권특허·실용신안·디자인·상표의 총칭 출원 대국이 될 수 있었단다.

이제 우리나라의 목표는 세계 1위의 산업재산권 출원 대국이 되는 것이고, 그것은 너희들의 몫이란다. 너희들은 학생 숫자 대비 세계에서 가장 많은 발명을 하고 있는 만큼 충분히 해내리라 믿는다.

사랑하는 손주들아! 청출어람靑出於藍이란 말을 들어본 적이 있겠지? '쪽에서 뽑아낸 푸른 물감이 쪽보다 더 푸르다'는 뜻으로, 제자가 스승보다 나음을 비유적으로 이르는 말이란다.

너희들은 스승은 물론 부모님을 비롯한 그 누구보다도 나아야 한단다. 특히 할아버지보다 더 훌륭한 세계적인 발명가 겸 기업인이 되어야 한다. 할아버지가 전국 규모 학생 발명 전시회 등 학생 발명 관련 사업에 지원을 아끼지 않은 이유도, 그리고 이 책을 쓰는 목적도 여기에 있단다.

이 책은 할아버지가 평생을 발명과 함께 살아오면서 느끼고, 체험하고, 깨달은 내용을 바탕으로 '무엇을 발명해야 할까?' 고민하다 포기해 버리는 학생들을 보고 너무 안타까워 언젠가 꼭 들려주고 싶었던 이야기를 중심으로 정리한 것이란다.

할아버지의 발명 철학이기도 한 '발명은 가까운 곳에서 시작된다'를 주제로, 어떤 발명에 어떻게 도전할 것인가에 대한 해답은 가장 가까운 곳에서 찾을 수 있음을 알기 쉽고 흥미롭게 정리했단다.

이제 발명은 더 이상 선택이 아닌 필수이다. 이 책을 읽으면서 너희들이 발명에 관심을 느끼는 것은 물론이고, '나도 발명가가 될 수 있다'는 자신감을 가지고, '지금부터 발명을 시작해 보자'고 결심하였으면 하는 마음이 간절하구나.

아울러 이 책이 학부모님과 선생님을 비롯한 모든 분들이 발명에 관심을 갖고 자녀 및 제자 지도는 물론 자신도 발명에 도전하는 계기가 되기를 기대해 본다.

전국의 발명교육센터 등 발명 교육 관련 기관에는 주식회사 그래미에서 공익사업 차원으로 이 책을 지원하고자 한다.

독자 여러분이 많은 관심을 가져준다면 서둘러 또 다른 장르의 책도 펴낼 계획이다.

끝으로 좋은 책으로 펴낼 수 있도록 그림을 그려준 김민재 화백, 조언과 격려를 아끼지 않은 선후배, 정성을 다해 편집하여 발간해 준 도서출판 예문 임직원 여러분에게 감사드린다.

2017년 8월 8일
철원의 주식회사 그래미에서
대평 남종현

이 책의
차례

발명은
가까운 곳에서
시작된단다

편리하고 예쁜 옷의 발명에도 도전하라

사람은 그가 입은 제복대로의 인간이 된다.
— 나폴레옹

사랑하는 손주들아! 너희들도 편하고 멋있는 기능성 섬유의 유명 상표 옷을 입고 싶지 않니? 우리가 입는 옷도 산업재산권특허·실용신안·디자인·상표를 한데 모아 부르는 명칭 등록을 할 수 있는 발명의 대상이란다.

기능성 섬유와 그 밖의 편리한 것들은 특허와 실용신안을 받을 수 있으며, 예쁜 모양과 색깔은 디자인 등록을 할 수 있고, 그 명칭은 상표 등록이 가능하단다. 다시 말해, 옷은 그 자체로 종합 발명품이라 해도 과언이 아닐 것이다.

'옷이 날개'라는 속담이 있지? 예쁜 옷을 입으면 더욱 멋있어 보이고, 편리한 옷을 입으면 날아갈 듯 편한 데서 생겨난 속담이 아닌가 싶구나.

원래 원시인들은 옷을 입지 않았단다. 그때는 옷이 발명되기 전이었기 때문이지. 각종 섬유가 발명되기 전에 우리 조상들은 더울 때는 식물의 잎과 껍질로 몸의 중요한 부분만 가리고, 추울 때는 동물의 가죽 등으로 몸을 최대한 많이 가렸단다.

옷의 형태가 갖춰지기 시작한 것은 각종 섬유가 발명되면서부터이다. 동양에서는 모시·삼베·명주·무명 등 식물 섬유가 주로 발명되었고, 서양에서는 인조견사와 나일론 등 화학 섬유가 주로 발명되었단다.

처음에 옷은 그 민족의 전통과 문화에 맞게 발명되었으나, 농경시대에 이어 산업화시대로 접어들면서 동서양을 뛰어넘는 다양한 옷이 발명되었단다. 한마디로 옷의 지구촌 시대가 열리기 시작한 거지.

넓은 의미에서 옷이란 머리부터 발끝까지 착용하는 모든 의류를 말한단다. 머리에는 모자, 귀에는 귀마개, 입에는 마스크, 목에는 목도리와 넥타이, 몸에는 각종 속옷과 겉옷, 손에는 장갑, 발에는 양말 등 그 종류가 수백 종이나 된다고 하더구나. 여기에 더해 모양과 색깔까지 포함하여 분류하면 수만 종이 넘는다고 한다. 그 외에도 여성들에게 필요한 브래지어, 신생아들에게 필요한 겉싸개와 속싸개 등 옷처럼 종류가 다양한 것도 흔치 않단다. 옷, 즉 의류는 발명의 보물 창고라 할 수 있을 정도로 발명할 거리가 무궁무진한 분야란다.

사랑하는 손주들아! 지금 입고 있는 옷이 마음에 드니? 좀 더 좋은 기능성 섬유의 옷, 좀 더 편리한 옷, 좀 더 아름다운 옷을 입고 싶지 않니? 내가 입고 싶은 옷을 다른 사람들도 입고 싶어 한다면, 그것이 바로 훌륭한 발명이란다.

지금은 편리하고 아름다운 옷을 발명하고, 성인이 되면 기능성 섬유 발명에도 도전해 주었으면 좋겠다. 기능성 섬유란 여름에는 시원하고 겨울에는 따뜻하며, 눈·비에 젖거나 불에 타지 않고, 뜨거운 열에도 데워지지 않으며, 피부에 좋아 아토피를 예방할 수 있는 등의 기능을 갖춘 섬유를 말한단다.

할아버지는 천연식물을 이용하여 각종 기능성 천연 차를 발명했단다. 이런 경험에 비추어 볼 때, 기능성 섬유 또한 천연식물을 이용하여 발명할 수 있을 것으로 생각된다. 실제로 어떤 발명가는 콩 섬유 등 다양한 식물을 이용한 기능성 섬유를 발명하여 히트하기도 했단다.

사랑하는 손주들아! 사람들이 무심코 입는 옷을 발명하여 세계적인 발명가가 되고 동시에 부와 명예를 거머쥔 사람들이 수없이 많단다. 할아버지가 전문가에게 문의하니 너무 많아 몇 명인지조차 모르겠다고 하더구나.

대표적인 예로, 전 세계를 열광시킨 청바지와 미니스커트 등을 들 수 있겠다. 청바지의 발명가는 미국의 리바이 스트라우스로 리바이스Levi's 브랜드의 소유자이기도 하단다. 스트라우스는 튼튼한 천막 천으로 바지를 만들어서 광부들에게 팔아 그야말로 돈방석 위에 앉게 되었단다. 또 미니스커트는 긴 스커트를 아찔할 정도로 짧게 바꿨을 뿐인데, 이 발명으로 영국의 디자이너 메리 퀀트는 훈장까지 받았단다. 참고로 우리나라의 경우 모시는 신라시대부터, 삼베는 신석기시대부터, 명주는 기원전 1170년부터, 무명은 1366년 문익점이 목화씨를 구해오고 그의 손자 문래가 물레를 발명하면서 널리 보급되기 시작했단다.

먹는 음식을 만드는 방법의 발명에도 도전하라

새로운 요리의 발견이 새로운 별의 발견보다 인간을 더 행복하게 만든다.
— 앙텔므 브리야 사바랭

사랑하는 손주들아! 너희들이 즐겨먹는 음식물도 모두 발명으로, 그 만드는 방법은 특허로 등록할 수 있단다.

할아버지는 400여 건의 발명을 하여 등록특허 등 지식재산권을 소유하고 있단다. 대표 발명은 땀 흘려 일하는 어른들을 위한 '숙취 해소용 천연 차'인데, 이것으로 미국 등에서 특허를 받았단다. 그리고 그 성능이 뛰어나 국내 판매는 물론 많은 나라에 수출도 하고 있단다.

사람에게 먹는 음식은 매우 중요하지. 먹지 않고는 살 수 없으니까. 오죽하면 '금강산도 식후경'이라는 속담까지 생겼겠니.

그런데 말이야, 엄마와 아빠 그리고 요리사들이 음식을 만드는 방법으로도 특허를 받을 수 있다는 사실을 모르는 경우가 많단다. 먹기 좋고, 맛있고, 몸에 좋은 음식을 만드는 법을 발명했다면 특허출원을 통해 그 권리를 인정받을 수 있는 것이다. 이러한 사실을 모른다니 정말 안타까운 일이 아닐 수 없단다.

너희들이 좋아하는 음식은 무엇이니? 피자·팝콘·햄버거·치킨·초콜 릿·도넛·초코파이·떡볶이·붕어빵·소시지·콜라·사이다 등등 수없 이 많지? 이것들이 모두 발명이고, 그 외 수많은 음식들 또한 발명이란다. 우 리나라 고유 식품인 김치와 관련해서도 수천여 건이 특허로 등록되었거나 출원 중에 있단다.

그렇다면 세계 각국에서 사랑받는 음식들은 어떻게 발명되었을까?

피자는 여러 가지 음식재료를 한데 버물려 찌거나 구운 음식으로, 그 원조 는 그리스·로마시대까지 거슬러 올라간단다. 그러나 세계적인 음식으로 발 돋움한 계기는 아주 오래전 이탈리아에서 시작되었다고 할 수 있단다.

19세기 말 이탈리아의 가난한 국민들은 대부분 굶주리고 있었는데, 부자들 은 먹거리가 넘쳐나 음식쓰레기 또한 넘쳐났단다. 하는 수없이 서민들은 음 식쓰레기를 모아 음식을 만들었는데 그것이 피자의 시작이었다는구나. 그런

데 뜻밖에도 움베르토 1세의 왕비인 마르게리타가 몰래 궁을 빠져나와 이 피자를 맛있게 먹었단다. 그러자 피자집 주인 돈 라파엘 에스폰트는 왕비를 위해 음식쓰레기 대신 토마토와 소스·바질·모차렐라 치즈 등으로 고급 피자를 만들었단다. 이 피자의 이름은 다름 아닌 '마르게리타'로, 이것이 이탈리아를 대표하는 음식 중의 하나인 피자로 자리 잡게 된 것이란다. 이때가 1889년 6월인데, 얼마 후 이탈리아에서 미국으로 이민 간 사람들에 의해 미국에서도 인기 음식이 되었다고 한다.

사랑하는 손주들아! 우리나라에도 음식물 발명이 아주 많은데, 떡볶이도 피자처럼 우리나라 사람들이 가난하여 굶주리고 있을 때 발명되었단다.

떡볶이의 원조는 조선시대로 거슬러 올라간다. 어떤 사람들은 궁중 음식의 달인으로 손꼽히는 대장금이 발명했다고 주장하기도 하나, 이를 뒷받침할 만한 증거는 없단다. 오늘날 우리가 먹는 떡볶이는 매운맛이 특징이지. 하지만 당시에는 고춧가루가 있지도 않았고, 그래서 대장금 같은 궁중 요리사가 떡볶이를 발명한 것이 사실이라 해도 간장과 고기 등의 재료로 만들었을 것으로 추정된단다.

지금의 떡볶이는 1953년 서울의 신당동에 살았던 마복림 여사가 발명한 것이다. 할아버지는 마복림 할머니가 살아 계실 때 이 떡볶이를 먹어보기도 했단다.

1953년, 당시는 우리나라가 무척 가난한 시절이었단다. 1950년 6월 25일 새벽에 시작된 전쟁이 1953년 7월 23일까지 계속되었기 때문이다. 바로 이

세계 최초로 대한민국 발명가가 개발한 주식회사 그래미 발명품들

때 마복림 할머니 집에 귀한 손님이 오셨다는구나. 밥을 지어 대접해야 하는데 집에 곡식이 모두 떨어져서, 할머니는 어쩔 수 없이 자장면 집으로 손님을 모시고 갔단다.

그런데 이때 개업 선물로 받은 떡을 그만 자장면 그릇에 빠트렸고, 맛이 좋아서 떡에 자장 대신 고추장을 버무려 떡볶이를 만들었다는구나. 이것이 떡볶이의 발명으로, 그 이후 선풍적인 인기를 끌게 된 것이다.

떡볶이는 1988년 서울 올림픽 등 세계적인 대회가 우리나라에서 열리면서 외국에도 널리 알려져, 지금은 Topokki란 영문 표기로 수출도 되고 있단다.

집과 집을 짓는 기술 및 부속품의 발명에도 도전하라

자연과 가까울수록 병은 멀어지고, 자연과 멀수록 병은 가까워진다.
— 괴테

사랑하는 손주들아! 가족과 함께 행복하게 살기 위해 가장 중요한 발명은 무엇이라고 생각하니? 바로 집이란다. 자기 집이든, 전세 집이든, 월세 집이든 그게 무슨 상관이겠니. 가족이 함께 행복하게 사는 공간이면 되는 거지.

실제로 사람들이 살아가는 데 없어서는 안 될 3가지 필수 발명품이 있는데, 의衣 · 식食 · 주住가 바로 그것이다. 이 가운데서도 주에 해당하는 내 집 마련은 옛날이나 지금이나 한 가정의 가장 큰 소원 중 하나란다.

원시시대의 조상들은 한 곳에 머물러 살지 않고 동물처럼 떠돌아다니며 살았단다. 그러다가 집이 생기면서 사람들은 한 곳에 모여 살기 시작했고, 한 곳에 모여살기 시작하면서 농사를 짓고, 가축을 기르기 시작했단다.

나아가 집이 늘어나면서 마을이 생기고, 마을이 늘어나면서 부족이 생기고, 부족이 늘어나면서 국가로 발전하는 계기가 되었단다. 따라서 집의 발명이 인류 역사의 시작이고, 집을 짓는 건축 기술의 발명은 인류 문명의 서막을 열었다고 해도 과언이 아니란다.

집은 처음에는 자연의 재해, 즉 태풍·폭우·폭설·폭염·혹한 등으로부터 몸을 보호하고, 호랑이 등 무서운 맹수를 피하고, 가족이 한 곳에 모여 살기 위해 만들어졌단다. 그러다가 차츰 더욱 편리하고 안락한 생활공간으로 발전하기에 이르렀단다. 집이 보다 편리하고 편안한 생활공간으로 변모하는 과정에서 크고 작은 수많은 발명품이 탄생하였단다.

사랑하는 손주들아! 그렇다면 우리 조상들은 어떤 집에서 살았을까? 우리나라를 대표하는 집은 초가집이지만, 선사시대에는 움막에서 살았단다. 또 몽고 사람들은 파오에서, 아메리카 푸이블로족 사람들은 흙집에서, 에스키모 사람들은 이글루에서 살았는데, 모두 그 지역 특성에 맞게 지어졌단다.

오늘날 우리가 사는 집과 비교하면 초라해 보일 것이다. 그러나 그 오랜 옛날에 각 지역의 날씨와 그곳의 재료를 고려하여 만든 획기적인 발명품이라는 것이 할아버지의 생각이란다. 실제로 과학자들도 이 집들에 관해 현대과학으로도 손색이 없는 '과학이 살아 숨 쉬는 공간'이라고 칭찬을 아끼지 않더구나.

이같은 집들이 긴 세월을 거치며 수많은 발명가들의 발명에 의해 지금과 같은 집과 빌딩으로 발전한 것이란다. 건축과 관련된 대표적인 발명품으로 톱, 못, 대패, 벽돌, 기와, 방수제, 난로, 온돌, 철근 콘크리트 기법, 대용 목재, 유리, 타일, 화장실, 목욕실, 상수도, 하수도, 회전문, 자동문, 에스컬레이터, 엘리베이터 등을 들 수 있단다.

전문가에게 문의하니 집 또는 빌딩 하나를 건축하는 데 들어가는 재료가 무려 100여 종이 넘고, 그마저도 하루가 다르게 발전하는데 모두 발명으로 특허·실용신안·디자인 등록을 받은 것들이라고 하더구나.

할아버지도 회사 건물과 '남종현 발명역사관' 및 '남종현센터'를 직접 건축

하다시피 해서 잘 알고 있단다. 건축에는 정말 수많은 재료가 필요하고, 모두 개선할 부분이 있더구나.

너희들은 집이나 빌딩에 살면서 불편한 것을 개선하여 좀 더 편리하게 하는 생각과 좀 더 아름답게 하는 생각부터 해줬으면 좋겠다.

건축기법 발명도 생각보다 어렵지 않단다. 하늘을 찌를 듯 높은 빌딩을 짓는 철근 콘크리트 기법은 꽃을 기르는 프랑스의 원예가 조셉 모니에가 발명한 것이다. 화분이 쉽게 깨지지 않게 하기 위해 철망으로 화분 모양을 만들고, 그 철망에 흙을 입혀 철망 화분을 만든 데서 힌트를 얻어 발명했단다.

또 미국의 엘리샤 그레이브스 오티스는 기원전 3세기에 그리스의 수학자이자 과학자였던 아르키메데스가 만든 '도르래에 밧줄을 걸어 동물이나 사람이 끌어당겨 위로 올리는 기구'에서 힌트를 얻어 현대식 엘리베이터를 발명했단다.

학용품의 발명에도 도전하라

들은 것은 잊어버리고, 본 것은 기억하고 직접 해 본 것은 이해한다.
— 공자

사랑하는 손주들아! 너희들은 공부하는 데 학용품이 부족하지는 않지? 할아버지가 들으니까 학교 수업이 끝나고 너희들이 집으로 돌아간 다음 교실과 운동장에서 연필·볼펜·자 등 학용품을 제법 많이 주울 수 있다더구나. 그런데 한 곳에 모아놓고 주인에게 돌려주려 해도 찾아가는 학생이 별로 없다는 이야기를 들었다. 그런데 할아버지가 초등학교에 다닐 적에는 학용품이 무척 귀했단다. 또 품질도 무척 떨어졌단다.

대부분의 학생들이 교과서가 없어 언니·오빠들이 물려준 책으로 공부했고, 책가방이 없어 보자기에 책을 싸들고 다녔으며, 필통이 없어서 책이나 노트 사이에 연필과 지우개를 끼워가지고 다녔단다. 자와 크레파스는 아예 준비할 엄두를 내지 못하는 경우가 많았지.

그럼 노트는 어떠했을까? 당시에도 노트가 있기는 했지만 대부분 값이 비싸니까 책상보다 넓은 종이전지라고 함를 사다가 잘라서 실로 꿰매어 만들어

썼단다.

학용품이 이렇게 귀하다 보니 연필은 몽당연필이 될 때까지 사용하다가 손에 잡히지 않으면 대나무에 끼워 끝까지 사용했으며, 자는 대나무나 나무를 잘라서 눈금을 그려 넣어 사용했고, 필통은 버려지는 헌 옷을 잘라 주머니처럼 만들어 사용했단다. 이때 할아버지도 자를 만들어 본 경험이 있으며, 할아버지의 어머니는 책가방·노트·필통 대용 주머니 등을 손수 만들어 주시기도 했단다.

그런데 문제는 학용품의 품질이 매우 낮다는 점이엇다. 연필은 계속 부러져 다시 깎기를 반복해야 했는데, 연필 깎는 칼이 부족하기도 했지만 또 위험하기도 해서 선생님들은 제자들의 연필을 깎아주기에 바빴단다. 이밖에도 그 시절 학용품에 관해 설명하려면 끝이 없단다.

이 같은 문제들은 어떻게 해결되어 요즘처럼 고급 학용품이 남아돌게 되었을까? 궁금하지 않니? 답은 간단하단다. 즉, 너희들의 조부모님할아버지와 할머니과 부모님들이 땀 흘려 일하시고, 좀 더 새롭고 편리한 세상을 만들기 위해 열심히 발명하신 결과란다.

사랑하는 손주들아! 지금 이 순간도 어른들은 너희들을 위해 좀 더 아름답고 편리한 학용품을 발명하려고 애쓰고 있단다.

너희들도 어른들처럼 더욱 아름답고 편리한 학용품을 발명하기 위해 노력해야 하지 않겠니? 할아버지는 오래전부터 전국 규모 학생 발명 전시회를 후원하고 있는데 전시장을 둘러보니 너희들의 친구들이 발명한 각종 학용품이 전시되어 있더구나. 불과 몇 년간 보긴 했지만, 그 종류가 다양하여 문구점에 있는 학용품들을 전부 본 듯한 느낌이 들더구나.

모두 자기가 사용하는 학용품을 좀 더 아름답고 편리하게 하려고 노력한 모습에서 할아버지는 전국 규모 학생 발명 전시회를 후원한 보람을 느꼈단다. 그리고 장학사업 등 더 많은 지원을 하고 있단다.

사랑하는 손주들아! 너희들 또래의 학생들도 세계적인 훌륭한 학용품을 발명하여 세상을 깜짝 놀라게 한 경우가 많단다.

대만의 홍려는 13세 때 깎지 않는 연필을 발명하여 아주 큰 부자가 되었단다. 홍려의 아버지는 대장간 일을 하셨단다. 홍려는 학교에서 돌아오기가 무섭게 아버지의 일을 돕고, 밤에는 낮에 떠오른 아이디어들을 기록하였단다. 그런데 연필이 자주 부러져 기록을 하기가 힘들자 깎지 않는 연필을 발명하기로 결심했단다.

홍려의 연구는 아주 오랫동안 계속되었단다. 그러던 어느 날 아침, 이를 닦기 위해 치약을 손에 들고 꽁무니를 누르는 순간 치약이 앞으로 나오는 것을 보고 '맞아! 연필도 꽁무니를 눌러서 심이 앞으로 나오게 하면 되겠구나!'라는 생각을 하게 되었단다. 그리고 마침내 깎지 않는 연필, 즉 샤프연필을 발명해 냈단다.

홍려는 이를 서둘러 특허로 출원했고, 이 특허는 대형 문구회사에 엄청난 액수에 팔려 홍려는 큰 부자가 될 수 있었단다.

사무용품의 발명에도 도전하라

인간은 지금까지 생산된 컴퓨터 중에서 가장 훌륭한 컴퓨터이다.
—J. F. 케네디

사랑하는 손주들아! 너희들이 사용하는 학용품이 모두 발명품이듯, 어른들이 사용하는 사무용품도 모두 발명품이란다. 물론 학용품과 사무용품 중에는 겹치는 것들도 많지만, 편의상 구분하여 부른단다.

너희들이 사용하는 학용품 못지않게 다양한 것이 사무용품이란다. 할아버지가 알고 있는 것만도 100종류가 넘더구나. 또 종류마다 수많은 것이 있다 보니 실제로는 수천 가지가 넘는다고 할 수 있다. 컴퓨터, 복사기, 팩스, 스캐너, 전자계산기, USB, CD, 스테이플러, 파일링 시스템, 포스트 잇, 수정액, 수정 테이프 등 사무용품이 홍수를 이룰 정도지.

그러나 할아버지가 처음 직장생활을 시작할 당시만 해도 그 흔한 컴퓨터조차 구경할 수 없었고, 사무용품이라고 해 봤자 필기구 정도에 불과했단다. 필기구도 지금처럼 다양하지 않아 펜촉에 잉크를 찍어 글씨를 썼으며, 그래서 펜글씨를 가르치는 학원이 있을 정도였다. 필기구의 품질도 크게 떨어져 볼

펜에서 잉크가 흘러나와 버리기 일쑤였단다.

복사기가 없다 보니 여러 장의 서류가 필요하면 일일이 손으로 써야 했지. 여러 장을 인쇄하는 등사기라는 것이 있기는 했지만, 이것 역시 등사지라는 용지에 글씨를 쓴 다음 검은 인쇄잉크를 이용하여 손으로 인쇄해야 해서 여간 불편한 것이 아니었단다. 당시 학교에서는 이 방법으로 시험지를 인쇄하여 시험을 보았고, 직장에서는 각종 양식 서류를 한꺼번에 인쇄하여 사용하였단다.

필기구를 생산하는 회사도 몇 개 되지 않았는데, 우리나라 최초로 볼펜을 만든 회사는 모나미였던 것으로 기억되는구나.

우리나라에서 사무용품이 본격적으로 발명되기 시작한 것은 안과 의사였던 공병우 박사님이 1949년에 3벌씩 타자기를 만들면서부터란다. 한글에는 받침이 있기 때문에, 영어의 모음과 자음을 아무리 붙인들 외국의 타자기로는 우리말을 칠 수가 없었단다. 공 박사는 이를 안타깝게 여겨 각고의 노력 끝에 받침까지 칠 수 있는 한글 타자기를 발명하여 세상을 깜짝 놀라게 하였단다.

사랑하는 손주들아! 사무용품 하면 컴퓨터와 복사기 등 첨단제품을 떠올리게 되는데 꼭 그렇지만은 않단다. 너희들이 사용하는 학용품과 비슷하단다. 그렇다 보니 학생 발명 전시회에서도 각종 사무용품을 개선한 학생 발명품들을 어렵지 않게 볼 수 있단다. 너희들과 같은 학생도 충분히 발명할 수 있다는 뜻이다.

학교에서는 선생님들이, 직장과 가정에서는 부모님이 사용하는 사무용품을 눈여겨보렴. 너희들이 사용하는 학용품과 같거나 비슷하지? 그러므로 조금만 관찰하면 '저 부분은 불편할 텐데'라거나, '모양이나 색깔만 바꾸어도 좀 더 예뻐질 텐데'라는 부분이 눈에 띌 것이다. 이렇게 너희들의 눈에 보이는 점을 고쳐서 좀 더 편리하게, 좀 더 아름답게 만드는 것이 발명이란다.

작은 아이디어로 세계적인 발명품이 탄생한 경우는 수없이 많단다. 너희들이 무심코 사용하는 수정액은 미국의 가난한 엄마였던 베타 그레이엄이 발명한 것이다. 그레이엄은 수정액을 발명하여 큰 부자가 되어서 행복하게 살았는데, 사후에 남긴 유산이 5천만 달러에 달했다는구나.

그레이엄의 원래 직업은 타이피스트였다고 한다. 즉, 타자를 치는 일을 했는데 당시의 타자는 오늘날 컴퓨터와는 달라서 한 글자라도 잘못 치면 처음부터 새로 작성해야 했단다. 여간 번거롭고 힘든 일이 아니었지.

그러던 어느 날, 그레이엄은 화가가 그림을 그리다 색깔을 잘못 칠하자 그 위에 흰 물감을 덧칠하고 계속 그림을 그리는 모습을 목격했단다. 이것을 본따 그레이엄 역시 틀린 글자 위에 흰 물감을 칠해 보았지. 그랬더니 처음부터 다시 치지 않아도 계속 문서를 작성할 수 있었단다. 바로 여기에서 힌트를 얻어 쉽게 지워지지 않는 물감인 수정액을 발명한 것이란다.

교통수단의 발명에도 도전하라

천 리 길도 한 걸음부터
— 전통 속담

사랑하는 손주들아! 자동차와 배 그리고 비행기가 발명되기 전 우리 조상들은 어떻게 살았을까? 하늘을 나는 것과 물 위를 달리는 것은 상상 속의 이야기에 불과했고, 그래서 하늘과 바다는 바라만 보았단다. 오르지 땅 위를 걷는 것이 전부였지. 그렇다 보니 거의 모든 생활은 육지에서 이루어졌고, 농사를 짓고 가축을 기르며 살았단다. 물론 두 발로 걸어서 움직였을 뿐 어떠한 교통수단도 없었단다. 가축을 기르기 시작하면서 말을 타고 달리기도 했으나, 그것 역시 지위가 높거나 재산이 많은 사람들이나 가능했단다.

육지에서의 교통수단은 사람들이 메고 다녀야 하는 가마의 발명에서 시작하여 바퀴가 달린 가마, 말이 끄는 마차를 거쳐 엔진이 끄는 마차, 즉 자동차의 발명으로 이어졌단다. 그러니까 초창기 자동차의 발명은 곧 엔진의 발명이라 할 수 있었지.

최초의 자동차는 룩셈부르크의 장 조제프 에티안느 르누아르가 발명하여

1860년 특허를 받은 내연기관을 부착한 것이었단다. 르누아르의 발명을 보고 독일의 니콜라우스 오토도 새롭게 개량된 엔진을 발명했단다. 당시 독일에는 엄청나게 무거운 증기기관을 부착한 자동차도 있었는데, 이들 엔진은 모두 실용적이지 못해 널리 보급되지는 못했단다.

다이믈러와 마이바흐, 벤츠, 포드 등은 이러한 어려움을 극복하고 실용적인 엔진을 발명하여 자동차 대중화 시대를 연 인물들이다.

그런가 하면 최초의 배는 뗏목이라고 할 수 있을 것이다. 물 위에 떠있는 나무에 올라타고 강을 건너는 데서 시작하여, 나무를 엮어 뗏목을 발명했던 것이지. 이처럼 옛날 사람들은 강과 바다에서 고기를 잡기 위해 물 위에서 탈 수 있는 것을 만들었고, 좀 더 빠르고 안전하게 다니기 위해 노와 돛 그리고 닻을 발명했단다. 이후 비록 돛을 달아 노를 젓는 배이기는 하지만 커다란 목선이 바닷길을 열게 되었단다.

내연기관을 최초로 배에 부착한 사람은 르누아르로, 그는 내연기관을 발명하여 최초로 마차에 부착한 사람이기도 하단다. 르누아르는 목선에 내연기관을 달아 노를 젓지 않고도 배를 움직이게 했는데, 실용성이 없어 널리 보급되지는 못했단다.

많은 사람들이 여러 승객을 태우고 다니며 영업까지 가능한 배를 꿈꿨는데, 이는 풀턴의 기선 발명으로 결실을 맺게 되었단다. 그런데 풀턴의 기선 발명은 그에 앞서 와트의 증기기관 발명이 있었기에 가능한 일이었단다. 풀턴은 1801년 잠수함을 발명하기도 했는데, 이름은 '노우틸러스 호'로 쥘 베른의 추리 과학 소설 〈해저 2만 리〉에 나오는 잠수함의 이름이란다. 훗날 세계 첫 원자력 잠수함의 이름이 되기도 했지.

잠수함까지 발명한 풀턴에게 기선의 발명쯤은 어려운 일이 아니었단다. 기존 선박에 증기기관을 부착하는 등 비교적 큰 어려움 없이 이루어졌기 때문이다. 이렇게 해서 풀턴이 발명한 기선의 이름은 '클레몬트 호'였고, 1807년 8월 9일 발명되어 6일 뒤인 8월 15일부터 운행을 시작했단다.

하늘을 나는 꿈에 처음으로 도전한 사람들은 1783년 프랑스의 몽골피에 형제로, 그들은 지름이 11미터나 되는 커다란 기구를 선보였단다. 기구는 1천 미터 이상 올라가서 2킬로미터 떨어진 밭으로 내려왔다고 한다. 몽골피에 형제는 이 발명으로 국왕으로부터 큰 상을 받기도 했단다.

그리고 그 꿈은 레오나르도 다빈치와 케일레를 거쳐 독일의 릴리엔탈에 의해 이루어졌단다. 다빈치와 케일레는 연구에 그쳤으나, 릴리엔탈은 1896년 8월 9일 자신이 직접 타는 글라이더를 발명했던 것이다. 그리고 마침내 1903년 미국의 라이트 형제가 비행기를 발명함으로써 결실을 맺게 되었단다.

사랑하는 손주들아! 자동차와 배 그리고 비행기에도 너희들이 발명할 것이 있단다. 자동차만 해도 그 부품 수가 3만여 개나 되고, 그중에는 작은 나사까지 포함되어 있기 때문이란다.

놀이기구의 발명에도 도전하라

노는 방법을 아는 것은 행복한 재능이다.
— 랄프 왈도 에머슨

사랑하는 손주들아! 오늘은 하루를 어떻게 보내고 있니? 아침 일찍 학교에 가서 열심히 공부하고, 학교 수업이 끝나기가 무섭게 학원으로 달려가고, 밤늦게 집으로 돌아오니 쉴 틈도 없이 복습과 예습을 하라는 부모님의 말씀과 감시가 이어지는 하루를 반복하지는 않았니? 이렇게 코피 나도록 공부해야 좋은 대학에 갈 수 있고, 좋은 직장에 들어갈 수 있다고 믿는 세상을 만들어 버려 어른으로서 너무 미안하구나. 그렇지만 어른들을 너무 원망하지는 말거라. 어른들도 안타깝고 마음이 아프단다. 너희들을 너무나 사랑하기에 훌륭한 사람으로 만들려고 마지못해 닦달하는 것이란다.

조금만 참아라. 세상이 달라지고, 교육 방법도 달라지고 있단다. 선생님들 사이에서 '잘 노는 학생이 무엇이든 잘한다'는 인식이 확산되고 있는 것을 너희들도 느낄 수 있을 것이다.

할아버지는 오래전부터 그렇게 생각해 왔고, 그런 교육 풍토를 조성하기 위해 노력해 왔단다. 학생들의 체육 활동에 지원을 아끼지 않았고, 전국 규모 학생 발명 전시회를 협찬함은 물론 수상 학생들에게 장학금을 주고 해외연수까지 시켜주었단다.

'잘 노는 학생이 무엇이든 잘한다'고 할 때 그 중 '잘 노는'이라는 말의 뜻은 '무조건 놀아라'라는 것이 아니고, '창의적으로 놀아라'라는 뜻이란다. 창의적으로 노는 것, 그것은 발명의 지름길이기도 하단다.

창의적인 놀이란 '놀이라는 정신적 자유로움 속에서 자신도 모르게 상식이나 고정관념에서 벗어나 풍부한 아이디어의 세계로 들어서게 하는 것'이란다. 놀이는 영어로 'Play'라고 하는데, Play에는 '광선이 번쩍인다'는 뜻도 있단다. 따라서 '아이디어가 번쩍인다'라고도 할 수 있겠다.

그렇다면 '창의적인 놀이'는 어떻게 하는 것일까? 간단하단다. 예를 들어 혼자서 탁구를 하려면 공에 끈을 매달거나 벽에 공을 부딪치게 하여 되돌아오게 하면 되겠지? 이처럼 규정을 무시하고 재미있게 놀면 된단다. 할아버지는 이렇게 엉뚱한 모습으로 노는 어린이들을 많이 보았는데, 그 어린이들을 만나보니 모두 창의력도 넘치고, 공부도 잘하고, 발명도 잘하더구나.

사랑하는 손주들아! 놀이는 사람이 살아가는 데 공기나 물처럼 중요한 존재란다. 학교에 가보니 미끄럼틀, 시소, 그네, 정글짐, 훌라후프, 프리스비 등 수많은 놀이기구들이 있더구나. 또 학교에서의 놀이 말고도 가끔 가족들과 함께 놀이공원을 가기도 하는 등, 너희들은 적지 않은 놀이를 하고 있단다. 매일 공부만 하는 것 같지만 실은 생활 속에서 많은 놀이를 하고 있는 것이다.

세상에 그 어떤 물품 못지않게 다양한 것이 놀이기구이니, 놀이기구 발명에 도전해 보는 것도 좋을 것 같구나. 세상이 변하니 놀이도 변하고, 놀이가 변하면 그 놀이에 필요한 기구 또한 변해야겠지? 할아버지는 너희들이 놀이도 개선하고, 개선된 놀이기구도 발명했으면 좋겠다.

원심력

놀이기구를 발명하려면 옛날부터 내려온 놀이기구를 개선하는 것이 비교적 쉬운 방법이란다. 미끄럼틀, 시소, 그네, 회전목마 등 수많은 놀이가 옛날에도 다른 방법 또는 기구로 있어 왔는데 이를 발명가들이 좀 더 편리하고 안전하게 개선한 것이란다.

사람들이 노는 모습에서 발명된 놀이기구도 많단다. 대표적인 발명으로 훌라후프와 프리스비를 들 수 있겠다. 훌라후프는 어린이들이 대나무로 큰 고리를 만들어 허리에 감아 노는 모습을 보고 발명했고, 프리스비는 대학생들이 피자 판을 날리는 것을 보고 발명했는데, 두 발명품 모두 기존 놀이의 재료를 플라스틱으로 바꾸고, 모양을 좀 더 아름답게 한 것이 전부였단다.

동물이 노는 모습에서도 놀이기구를 발명할 수 있단다. 정글짐은 원숭이들이 온갖 나무줄기와 넝쿨로 얽히고설킨 정글에서 노는 모습을 보고서 파이프를 가로·세로·수직으로 연결하여 발명한 것이란다.

과학적인 원리를 이용해도 된단다. 롤러코스터를 떠올려 보렴. 구심력과 원심력의 원리를 이용해서 거꾸로 매달려 있어도 떨어지지 않고, 밖으로 튕겨 나가지 않는단다.

애완동물용품의 발명에도 도전하라

살아있는 모든 생명체에 대한 사랑은 인간의 가장 숭고한 본능이다.
— 찰스 다윈

사랑하는 손주들아! 너희들도 애완동물을 좋아하지? 그렇다면 우선 애완동물이란 무엇이고, 어떠한 종류가 있는지부터 알아보자. 애완동물이란 '특별히 사랑하거나 귀여워하여 가까이 두고 다루거나 보기 위해 집에서 기르는 동물'로서, 그 종류가 실로 다양하단다.

가정에서 많이 기르는 개 · 고양이 · 토끼 · 카나리아 · 잉꼬 외에도 유리로 만든 우리에서 기르는 파충류 및 양서류인 개구리 · 거북 · 뱀 · 도마뱀 등, 어항에서 기르는 금붕어 · 열대어 등, 실내외 우리에서 기르는 마모트 · 쥐 · 생쥐 · 토끼 · 햄스터 쥐 · 황무지 쥐 · 친칠라 등, 방목장 또는 옥외 우리에서 기르는 노새 · 당나귀 · 말 · 조랑말 등이 있단다.

심지어는 악어 · 원숭이 · 민꼬리 원숭이 · 오셀롯 원숭이 · 재규어 · 킨카주 너구리까지도 기르는 사람이 있는데, 이들 동물은 멸종위기에 처해 있어 애완동물로 수입하는 것은 금지된단다.

할아버지가 어렸을 때는 상상도 못 할 일이란다. 당시에도 개·토끼·고양이 등을 기르기는 했지만 가축이라고 했지 애완동물이라고 부르지는 않았단다. 할아버지의 경우 8남매가 한 집에서 자라다 보니 애완동물이 끼어들 틈도 없었고, 다른 집들도 사정이 비슷했다.

그런데 세상이 바뀌어 언제부터인가 '펫팸족'도 등장했다지? 펫팸족이란 반려동물을 뜻하는 펫pet과 가족을 의미하는 패밀리family가 합쳐진 조어로, 애완동물을 가족으로 생각하는 사람들을 말한단다. 1~2인 가구와 나이가 많으신 할아버지 할머니가 늘어나면서 펫팸족이 빠른 속도로 증가하고 있다는구나. 요즘은 5명 가운데 1명 이상이 애완동물을 기르는데, 그에 필요한 돈이 연간 1조 원을 넘어선 지 오래고, 2020년에는 6조 원에 이를 것으로 예상된단다. 그렇다면 애완동물용품은 황금 알을 낳는 거위라 할 수 있고, 발명의 가치 또한 충분하다고 할 수 있지 않겠니?

사랑하는 손주들아! 너희들이 발명 전시회에 출품하면 심사위원 선생님들은 창의성·실용성·경제성 등을 고려하여 심사를 하는데, 애완동물용품은 충분히 경제성이 있다는 말이란다. 애완동물 전성 시대가 열리면서 많은 발명가들이 애완동물용품 발명에 뛰어들었고, 그 결과 애완동물용품 전문 마트가 계속 늘어나고 있단다.

이제 애완동물용품은 사람들이 사용하는 물건과 별로 다르지 않단다. 애완동물 중 가장 많이 기르는 개를 중심으로 살펴보자.

속담에 '개 팔자가 상팔자'라는 말을 들어보았지? 그 말이 사실이더구나. 아침에 일어나면 개 전용 샴푸와 린스로 목욕을 시켜 주고, 개에 알맞은 치약과 칫솔로 이를 닦아 주고, 개 전용 빗으로 털을 손질해 주고, 발톱에 매니큐어까지 칠해 주는 사람이 많단다.

식사는 개 전용 종합 건강식품을 넘어지지 않는 특수 식기에 담아주고, 자

동 급수 장치를 갖춰 놓아 물 걱정도 없겠더구나. 외출할 때는 머리와 목에 액세서리를 달아주고 몸에는 맞춤 옷을, 발에는 딱 맞는 신발을 신기는 한편, 외출에서 돌아오면 전용 의자에 눕히고 개를 위해 작곡한 음악까지 들려주더구나. 소가죽을 재료로 뼈다귀 모양으로 만든 개 껌도 있단다.

이처럼 요즘 애완견들은 시간에 맞춰 간식을 먹고, 전용 기구로 운동도 하는 등 행복한 하루가 지나면 전용 침구가 마련된 예쁜 집에서 잠자리에 들더구나.

이뿐만이 아니란다. 아프기라도 하면 동물종합병원으로 달려가 컴퓨터단층촬영CT 및 자기공영영상촬영MRI까지 하며 치료를 받고, 온도 및 습도까지 조절되는 병실에 입원하여 치료를 받더구나. 심지어 애완 및 반려동물 행동교정사·행동상담사·관리상담사·장례지도사 등이 대기하고 있고, 대학에는 애완 및 반려동물 관련 학과까지 생겼단다. 이밖에도 개들이 받는 사랑은 끝이 없을 정도란다. 주목할 것은 비단 개뿐만 아니 아니라, 다른 애완동물들 또한 주인으로부터 이 같은 사랑을 받는다는 사실이다.

사정이 이렇다면 애완동물용품의 발명이야말로 도전해 볼 가치가 있지 않겠니? 앞으로는 애완동물을 사랑하지만 말고, 그들에게 필요한 것이 무엇인가를 살펴보기 바란다. 또한 주인으로서 무엇을 더 해주고 싶은지, 다른 사람들은 애완동물에게 무엇을 어떻게 해주려 노력하는지 관찰하다 보면 애완동물용품의 발명에 이를 수 있을 것이다.

주방용품의 발명에도 도전하라

부뚜막의 소금도 집어 넣어야 짜다.
— 전통 속담

　사랑하는 손주들아! 집안에서 가장 중요한 공간이 어디라고 생각하니? 침실, 서재, 공부방, 거실, 베란다, 다용도 창고 등 공간 하나하나가 모두 중요하지만, 그 중에서도 으뜸은 주방이란다. 가족들의 건강과 즐거운 식사를 위해 각종 음식을 요리하는 공간이기 때문이지.

　실제로 주방처럼 많은 발명품이 모여 있는 공간도 흔치 않단다. 먹지 않고는 살 수 없으므로 원시시대부터 주방 관련 제품은 다른 제품에 비해 우선적으로 발명되었고, 이 같은 현상은 지금도 예외가 아니란다.

　현대에 들어 주방용품의 발명은 엄마들을 주방 노동으로부터 해방시켰고, 드디어 주방은 엄마들의 공간만이 아닌 가족 모두의 공간이 되었단다. 언니 오빠들이 집을 떠나 자취를 하고, 너희들이 스스로 인스턴트 음식을 끓이고 데워 먹을 수 있게 된 것도 편리하고 안전한 주방용품들이 발명된 덕분이란다.

집이 아무리 작아도 주방이 없는 집은 없지? 따라서 주방용품만큼 시장이 넓은 발명품도 흔치 않단다. 이 때문에 세계적인 발명가들이 주방용품 발명에 뛰어들었고, 개인은 물론 중소기업 및 대기업까지 주방용품을 발명하여 생산하고 있단다. 주방용품 발명가 중에 노벨상까지 받은 세계적인 과학자도 있을 정도이다.

사랑하는 손주들아! 지금 당장 주방으로 달려가 보아라. 종류 및 크기까지 분류하면 100가지도 넘을 것이다. 수저·젓가락·포크·칼 등 작은 발명으로 시작하여 식탁·싱크대·찬장 등이 있는가 하면, 전자레인지·토스터·커피포트·정수기·압력 솥·프라이팬·사란 랩 등 정말 수없이 많지?

여기에 더해 음식 쓰레기 해결사 디스포저나, 노벨상을 받은 스웨덴 물리학자 닐스 구스타프 달렌이 발명한 아가 쿠커조리 온도와 재료가 다른 4가지 음식을 동시에 조리할 수 있는 발명품 등 200가지도 넘는 것 같구나.

그래서인지 전국 규모 학생 발명 전시회에 가 보니 너희들의 친구들이 발명하여 출품한 주방용품도 수없이 많더구나. 세 발이 가로로 나란히 붙은 기존 포크로는 묵 등의 연한 음식을 쉽게 먹을 수 없었는데, 이를 보완하여 사각 모양의 네 발 포크를 발명한 학생은 무려 대상을 받았단다. 또 어떤 학생은 수저 겸용 포크를 발명하여 금상을 수상했단다.

오늘부터 식탁 위에 있는 각종 도구와 용기들을 살펴보아라. 불편하면 개선하고, 모양도 색깔도 바꾸어 좀 더 아름답게 해 보렴. 옛날에 어떤 발명가는 물 컵이 뜨거워 불편하자 여기에 손잡이를 붙여 부자가 되기도 했단다.

하나님도 세상에 완벽한 것은 없다고 말씀하셨단다. 너희들이 매일같이 들락거리는 주방의 수많은 주방용품들 역시 모두 편리하지만은 않을 것이다. 아무리 개선해도 인간의 욕심은 끝이 없기 때문이다.

'이것은 이렇게 했으면 좋겠다'라는 생각이 드는 순간 반은 발명가가 되는 것이고, 이것을 발명 노트에 옮겨 쓰는 순간 완전한 발명가가 되는 것이란다.

사랑하는 손주들아! 우리나라의 어떤 발명가는 젓가락질을 잘 못하는 어린이들을 위해 누구나 편리하게 사용할 수 있는 젓가락을 발명하여 큰 부자가 되기도 했단다. 또 어떤 발명가는 정수기를 휴대용으로 작게 만들어 성공했단다.

세계적인 발명품으로 손꼽히는 전자레인지는 우연히 발명되었단다. 전자레인지를 발명한 사람은 미국의 퍼시 스펜서인데, 레이더를 생산하는 회사에서 일하던 기술자였다. 그는 어느 날 주변에 어떤 열도 없는데 주머니 속에 사탕이 모두 녹아버린 것을 보았고, 이상하게 생각하여 다시 주변을 살펴보았단다. 그 결과 레이더에 사용되는 마그네트론에서 발생하는 마이크로파가 원인이라는 사실을 발견하여, 이 원리로 전자레인지를 발명해 냈단다.

가전제품의 발명에도 도전하라

행복은 사방에 있다. 그것의 샘은 우리의 마음속에 있다.
— 존 러스킨

사랑하는 손주들아! 가전제품이 없는 집안은 어떤 모습일지 상상해 보렴. 적게는 20여 가지에서 많게는 50여 가지가 넘는 가전제품이 있기에 편안하게 살 수 있는데, 이것이 없는 집은 생각할 수조차 없을 것이다.

텔레비전도, 냉장고도, 세탁기도, 밥솥도 없으면 어떤 모습일까? 볼거리도 없고, 음식물을 위생적으로 보관할 수도 없고, 세탁을 할 수도 없고, 밥을 지을 수도 없는 등 아주 불편한 세상이 되어 버리겠지.

물론 이런 것들이 발명되기 전에는 불편해도 참고 살았단다. 따라서 문화 생활이라는 말조차 없었지. 가전제품의 발명이 가정의 문화 생활을 창조했다는 것이 여기에서 증명된단다.

실제로 텔레비전의 발명은 사람들에게 가장 큰 즐거움을 안겨주었고, 세탁기와 청소기의 발명은 여성들을 가사 노동으로부터 해방시켜 사회 진출의 계기를 마련했으며, 냉난방기의 발명은 아늑한 가정 분위기를 만들어 주었

단다. 설명하자면 끝이 없지. 한 마디로 가전제품의 발명이 집안의 분위기를 완벽하게 바꾸어 놓은 것이란다.

방, 거실, 주방, 욕실, 심지어는 베란다 할 것 없이 집안 구석구석에 그 용도에 맞는 가전제품들이 준비되어 있어 우리의 생활을 좀 더 편리하게 도와주고 있지. 그 종류와 크기와 색깔도 다양하여 가전제품만을 전문으로 판매하는 대형마트도 있을 정도이며, 1년도 채 안 되어 새로운 기능과 모양의 신제품들이 속속 등장한단다. 급기야 리모컨을 건너뛰어 스마트 폰으로 집 밖에서 집 안의 가전제품을 제어할 수 있는 시대가 열렸단다.

사랑하는 손주들아! 사정이 이러한데도 아직도 가전제품에는 발명가의 손길을 기다리는 것들이 많단다. 발명할 거리가 많다는 뜻이다.

집안에 새 가전제품을 들여 놓을 때, 이런 말을 많이 들었을 것이다.

'여기에 이런 기능을 추가했으면 좋았을 텐데.'

'이것을 조금 크게, 이것은 조금 작게 했으면 좋았을 텐데.'

'이것의 색깔이 좀 더 아름다웠으면 좋았을 텐데.'

이제 막 구입한 신제품인데도 사람들은 아쉬움을 나타내지? 부모님이나 너희들도 예외가 아니었을 테다.

'이렇게 했으면 좋았을 텐데'라고 말하는 사람은 불평을 하고 있는 것이 아니라 새로운 발명을 하고 있는 것이란다. 그래서 할아버지는 기회만 있으면 '발명은 가까운 곳에서 시작되고, 누구나 할 수 있다'고 주장한단다.

사랑하는 손주들아! 학교에서 돌아오면 가장 먼저 어떤 가전제품을 사용하니? 할아버지가 살펴보니 냉장고로 달려가 먹고 싶은 음료 또는 음식을 꺼내더구나. 그렇다면 냉장고는 언제 발명되었을까? 냉장고가 발명되기 전에는 지하실 및 굴 속에 얼음과 함께 음식을 보관했는데, 이러한 냉동고가 기원전 1,000년 무렵부터 존재했다니 그 시초가 아주 옛날이라 할 수 있지. 우리나라에서도 그런 흔적을 어렵지 않게 찾아볼 수 있는데, 대표적인 사례로 신라시대에는 석빙고, 조선시대에는 동빙고와 서빙고 등이 있었단다.

최초의 냉장고를 발명한 사람은 1834년 특허를 받은 영국의 퍼킨스이다. 그는 압축시킨 에테르가 냉각효과를 내면서 증발하였다가 응축되는 원리를 이용하였단다.

냉장고의 종류도 다양한데 가장 유명한 것은 프랑스의 와인 냉장고, 일본의 생선 냉장고, 우리나라의 김치 냉장고란다. 또 다른 냉장고는 없을까? 이러한 아이디어를 찾는 순간 발명가가 되는 것이란다,

첫 번째 세탁기는 1691년 영국에서 발명되었으나 세탁기라기보다는 손으로 드럼통을 돌리는 수준에 지나지 않았단다. 이후 몇 사람의 발명가를 거쳐 비로소 진정한 세탁기가 발명되었는데, 때는 1908년, 미국의 알바 피셔가 그 주인공이었다. 이때의 세탁기는 '여성 해방'을 주제로 광고를 했다는구나.

사랑하는 손주들아! 생활을 보다 편리하게 만들 수 있는 또 다른 가전제품은 없을까? 주위를 둘러보며 생각해 보렴.

레저용품의 발명에도 도전하라

여행하는 것은 도착하기 위해서가 아니라 여행하기 위해서이다.
— 괴테

사랑하는 손주들아! 너희들은 할아버지 할머니에 비교하면 무척 풍요롭게 살고 있단다. 너희들 생각에는 할아버지 할머니도 요즘처럼 풍요롭게 살았다고 생각할지 모르겠으나, 실은 대부분이 그렇지 못했단다. 할아버지 할머니가 어렸을 때만 해도 우리나라는 오늘날 아프리카 후진국처럼 가난했단다.

특히 1950년 6월 25일에 시작하여 1953년 7월 27일까지 계속된 '6.25 전쟁'이라는 큰 전쟁이 계속되었을 때는 굶어 죽는 사람도 있었단다. 그렇다면 우리나라 사람들은 어떻게 빨리 가난에서 벗어나 풍요로운 생활을 할 수 있게 되었을까?

답은 할아버지 할머니가 흘린 땀과 노력에 있단다. 너희들의 할아버지 할머니는 후손들에게 가난을 물려주지 않기 위하여 밤낮으로 땀 흘려 일하셨고, 너희들 부모님을 학교에 보내 창의적인 교육을 받도록 하셨단다. 그때 할

44

아버지 할머니는 끼니를 거르는 것을 보통으로 생각하셨고, '레저'라는 말조차 모르고 사셨단다.

그 결과 너희들은 선진국 못지않은 풍요로운 환경 속에서 마음껏 공부하고, 마음껏 뛰놀 수도 있게 되었단다. 여기에 부모님들의 주5일 근무제까지 뿌리를 내리면서 레저라는 말이 실감 나게 되었단다.

주말과 연휴 때마다 고속도로가 막힐 정도로 많은 사람들이 여행을 떠나고, 싫증이 날 정도로 취미생활을 즐기고, 그래도 시간이 남아돌 정도가 된 것 같구나.

발명가의 입장에서 바라보면 레저용품 발명 시대가 활짝 열린 것이다. 실제로 레저용품 발명이 홍수를 이루고 있으며, 레저용품만을 전문적으로 파는 곳도 계속 늘어나고 있더구나.

사랑하는 손주들아! 너희들도 부모님을 따라 어딘가로 여행을 가고, 놀러도 가 보았겠지? 그때마다 무엇이 필요했니? 옷과 모자 그리고 신발로 시작하여 적게는 30여 가지에서 많게는 50여 가지의 레저용품이 필요하지 않았니?

승용차도 4인용에서 7~9인용으로 바뀌고, 차 안에는 안전운전과 편안하고 즐거운 여행을 위한 레저용품들이 준비되고, 작은 냉장고와 취사도구는 물론 각종 음식물이 넘쳐날 것이다. 아마 할아버지보다 너희들이 더 잘 알고 있을 테지.

혹시 캠핑이라도 하게 되면 그에 따른 다양한 레저용품들이 필요해지는데, 등산과 낚시를 한다 해도 크게 다르지 않을 것이다.

레저용품은 스포츠용품과 중복되기도 하여 그 종류가 실로 다양하단다. 중학교 2학년 학생이 알고 있는 것만도 100여 종류가 넘는다니 짐작이 가고도 남겠더구나.

　사랑하는 손주들아! 너희들은 부모님과 함께 어떤 레저 활동을 해 보았니? 그때 사용했던 레저용품들은 모두 즐겁고 편리하고 마음에 들었니?

　1980년대 폭발적인 인기를 끌었던 롤러 스케이트라는 것이 있었는데, 인라인 스케이트에 밀려 인기가 떨어졌단다. 인라인 스케이트는 롤러 스케이트를 조금 변형시킨 것으로, 언제 어디서나 즐길 수 있는 데다 스릴 만점이었기에 사람들의 인기를 독차지할 수 있었단다.

　도시에서도 자연에서처럼 여가를 즐길 수 있는 레저용품은 없을까? 좀 더 즐겁고, 좀 더 편리하고, 좀 더 편안하고, 좀 더 신나는 레저용품은 없을까? 더 작게 만들거나 포장하여 좀 더 많은 레저용품을 가지고 갈 수는 없을까?

　이러한 질문들에 대한 답을 찾아내는 순간 너희들도 레저용품 발명가가 되는 것이란다. 생각이 나지 않으면 미국이나 유럽 등 선진국의 레저용품을 인터넷으로 검색하여 우리나라 실정과 문화에 맞게 개선하는 것도 좋은 방법 중의 하나일 것 같구나.

레저용품에는 레저식품도 포함된단다. 휴대하기 쉽고, 쉽게 변하지 않고, 건강에도 좋고, 에너지가 많으면서도 비만 걱정이 없는 식품이 곧 레저식품이란다.

답을 멀리서 찾지 말고 가까운 곳에서 찾아보아라. 지나간 여행과 취미생활에서 즐거운 것만 생각하지 말고 불편했던 것도 생각해 보아라. 그것이 무엇이든 상관없단다. 너희들이 불편했다면 다른 사람들도 불편했을 것이고, 따라서 그것을 개선하는 순간 히트 레저용품의 발명가가 될 수 있단다.

실버용품의 발명에도 도전하라

네 자식들이 효도해 주기를 바라는 것과 똑같이 네 부모에게 효도하라.
— 소크라테스

사랑하는 손주들아! 이 책의 '레저용품도 발명이다'에서 보았듯이, 너희들의 할아버지 할머니는 너희들에게 풍요로운 세상을 만들어 주기 위해 스스로 희생하셨단다.

할아버지의 어머니도 오로지 할아버지를 비롯한 5남 3녀를 위해 사시다가 세상을 떠나셨단다. 할아버지는 집에서 자식들이 지켜보는 가운데 편안하게 세상을 떠나시도록 어머니를 모셨고, 장례식도 할아버지의 집과 같은 '남종현센터'에서 했단다. 그리고 1년 후에는 추모 제사를 우리나라 전통의식으로 올렸단다.

사랑하는 손주들아! 어느 사이 대부분의 할아버지 할머니들은 많이 늙으셔서 아프지 않은 곳이 없을 정도로 건강이 좋지 않단다. 그리고 그런 할아버지 할머니 숫자는 너희들이 생각하는 것보다 훨씬 많단다.

문제는 대부분의 할아버지 할머니들이 너희들의 부모님을 위해 헌신하다

보니 노후 준비가 되어 있지 않다는 것이란다. 수입도 없고 마땅한 일자리도 없다 보니 레저나 취미생활은 엄두도 내지 못한단다. 그래서 정부와 어른들은 이 문제를 해결하기 위해 최선을 다하고 있단다.

그렇다면 너희들이 할아버지 할머니를 위해 할 수 있는 것은 무엇일까? 무엇보다도 건강하고 착하게 자라며, 제4차 산업시대의 주인공이 될 수 있도록 창의력을 기르고 발명가가 되기 위해 노력하렴. 너희들이 할아버지 할머니에게 할 수 있는 효도 가운데 이것보다 큰 것은 없단다.

할아버지 할머니들에게 꼭 필요한 발명품에 대해서도 생각해 보자꾸나. '그동안 써온 물건을 그대로 사용하시면 되지 않을까'라고 했다면, 크게 잘못 생각한 것이란다.

나이가 많아지면 몸도 마음도 마음대로 할 수가 없고, 그래서 그에 알맞은 물건이 따로 있단다. 혹시 '나이가 많아지면 많아질수록 어린아이가 된다'는 말을 들어본 적이 있니? 믿어지지 않겠지만 사실이란다.

어린아이가 어른들이 사용하는 물건을 사용할 수 없듯이, 할아버지 할머

일본천재회의 최고 인류공헌상 수상
(앞줄 좌측에서 네 번째가 나까마찌 요시로, 다섯 번째가 필자)

니도 젊은 사람들의 물건을 사용할 수가 없단다. 불편해도 참고 사용할 뿐이지. 바로 여기에서 할아버지 할머니들에게 필요한 물건, 즉 실버Silver용품이 등장하기 시작하였고, 이와 관련한 발명과 시장은 빠른 속도로 늘고 있단다.

사랑하는 손주들아! 너희들이 자랄 때 수많은 유아용품이 필요했듯이, 할아버지 할머니들에게도 실버용품이 필요하단다. 오늘부터 할아버지 할머니와 함께 살면 더욱 좋겠지만 그렇지 못하면 자주 찾아뵙고 무엇이 불편하신지 살펴보고, 불편하신 것을 발견하면 '좀 더 편리하게' 할 수 있는 방법을 찾아 보아라.

할아버지 할머니들은 신체의 활동 반경이나 생리작용 등이 너희들의 부모님과는 크게 다르단다. 좋아하시는 색이나 취향도 다르고, 좋아하는 음식도 다르고, 어린아이처럼 약하고 감성적이 되셨단다.

온몸이 아프고, 눈이 잘 안 보이고, 귀가 잘 들리지 않으며, 관절염 등 각종 질병으로 움직이기가 불편하고, 심지어 소변이 새어 나오는 요실금으로 고생하는 등 온통 불편한 것뿐이란다. 요실금의 경우만 해도 창피해서 어디 말도 못하고 주변 사람들 몰래 환자용 기저귀를 사다가 사용하는 분들이 많다더구나.

특히 혼자 사시는 할아버지 할머니들에게는 단추만 누르면 119나 인근 병원에 바로 연락이 되는 비상 연락 시스템도 필요하고, 손쉽게 움직이는 노인 전용 전동차, 앉아만 있으면 전신을 마시지 해 주는 의자, 어디에서도 넘어지지 않는 신발, 다용도 지팡이, 친구가 되어줄 말하는 장난감 등 필요한 것이 너무 많단다.

실버용품에서 빼놓을 수 없는 것이 식품이란다. 하루 세 끼 식사 재료도 할아버지 할머니들에게 맞게 발명되어야 하고, 각종 과자 및 음료도 마찬가지란다.

참고로 일본의 나까마찌 요시로는 어느 추운 겨울날 허리 굽은 어머니가 등유를 부으면서 고생하는 모습을 보고 자바라 펌프를 발명했고, 그 덕분에 발명왕이라 불리며 큰 부자가 되었단다.

의약품의 발명에도 도전하라

웃는 사람은 웃지 않는 사람보다 오래 산다. 건강은 웃음의 양에 달려 있다.
— 제임스 월스

사랑하는 손주들아! 너희들이 세상에 태어났을 때 부모님들은 너희를 세상의 무엇보다 귀한 보물로 생각했단다. 그리고 오로지 '건강하게만 자라다오'라는 마음으로 온갖 사랑과 정성을 다해 보살폈단다. 덕분에 너희들이 지금처럼 건강한 학생이 될 수 있었던 것이다. 너희들은 잘 모르겠지만 그동안 질병 예방과 치료를 위해 수없이 병원에 데리고 다니며, 수많은 의약품을 먹이기도 했단다.

옛날 사람들은 40세 전후에 세상을 떠났으며, 비교적 현대라 할 수 있는 50여 년 전까지만 해도 대부분 60세를 넘기지 못하고 세상을 떠났단다. 그래서 60세가 되면 회갑 잔치를 하며 장수를 축하했던 것이란다.

그런데 요즘은 어떻니? 주변에 80~90세 어르신들이 수두룩하고, 사람들은 100세 시대에 접어들었다고 하지. 무엇이 이 같은 장수 시대를 열었을까? 여러 가지 원인이 있겠지만, 그중에서 가장 큰 원인은 효능이 뛰어난 각종 의약

품들이 발명되었기 때문이란다.

그렇다면 원시인들은 병에 걸리거나 상처를 입으면 어떻게 치료했을까? 원시인들도 약을 먹거나 상처에 발랐던 것으로 알려지고 있단다. 각종 의약품이 발명되기 이전이기 때문에 모든 약은 식물이나 광물이었단다.

각종 식물과 광물을 약으로 사용한 원시인들의 습관은 아주 오랫동안 이어졌고, 문명사회로 접어들면서 이를 체계적으로 정리한 의학 서적이 쓰여지기도 했단다. 우리나라에서도 조선시대에 《동의보감》이라는 의학 서적이 쓰여져 아주 유용하게 활용되었단다. 그러나 자연에서 의약품을 찾다 보니 널리 보급되지 못하여 대량생산이 필요했고, 그 결과 생물학 및 화학적 의약품의 발명이 활성화되기 시작했단다.

할아버지도 숙취 해소용 천연 차 · 스테미너 증진용 천연 차 · 화상 치료제 · 알레르기 치료 효과를 갖는 기능성 식품조성물 · 고지혈증 및 뇌졸중 회복 및 효과가 있는 천연 조성물 · 암 치료 및 예방용 약학적 조성물 및 이를

화상치료제 덴데 크림(발명 특허 0494348호)

포함하는 암 개선 및 예방용 건강기능식품 등을 발명하면서 《동의보감》을 참고했고, 실제로 큰 도움이 되었단다.

사랑하는 손주들아! 의약품 발명은 사람의 생명과 관련이 있기 때문에 다른 발명에 비해 힘든 것이 사실이란다. '살바르산606'으로 불리는 의약품은 에를리히가 606번째의 실험에 성공하여 만들어진 것이며, 할아버지도 '여명808'로 불리는 숙취 해소용 천연 차를 발명하기 위해 808번을 실험했단다.

그러나 꾸준히 노력하면 결코 어려운 것도 아니란다. 스트렙토마이신이라는 항 결핵성 항생물질을 발명한 미국의 왁스만은 흙에서 힌트를 얻어 발명했단다.

할아버지가 어렸을 때만 해도 넘어져서 무릎 등에 상처가 나면 황토 흙을 뿌려 피를 멈추게 했는데, 피만 멈추는 것이 아니라 치료까지 되었단다. 그런데 할아버지보다 일찍 태어난 왁스만은 이 광경을 목격하고 흙에서 얻은 방선균을 배양하여 스트렙토마이신을 발명하였고, 그 공로를 인정받아 노벨상까지 받았단다.

130여 년 동안 지구촌 구석구석까지 파고든 아스피린은 물감을 만들고 버려진 찌꺼기를 이용해 발명되었고, 150여 년 동안 사랑받는 바셀린은 유전 파이프에 남아있는 찌꺼기를 가지고 발명되었단다.

예방약도 우연하게 발명된 경우가 있단다. 에드워드 제너라는 영국의 의사는 어느 날 젖소에서 우유를 짜는 여성들은 이상하게도 천연두에 걸리지 않는다는 점에 주목하고 관찰 및 연구를 시작했단다. 그 결과 젖소에서 우유를 짜는 여성들은 젖소와 숱하게 접촉하다 보니 자신도 모르는 사이에 경미한 수준의 천연두를 앓게 된다는 사실을 알게 되었지. 여기서 천연두에 대한 면역력이 생겼다는 사실을 밝혀내고 우두법을 발명했단다. 기원전 3000년 경부터 인간을 괴롭혀온 치명적인 질병을 한 의사의 관찰력이 퇴치시킨 것이다.

참고로 우리나라에 우두법이 들어온 것은 1880년 지석영 님에 의해서란다.

의약기기의 발명에도 도전하라

약보(藥補)보다 식보(食補)가 낫고, 식보(食補)보다 행보(行補)가 낫다.
— 허준

사랑하는 손주들아! 사람이 살아가는 데 있어 가장 중요한 것은 무엇일까? 원시시대 이후 사람들의 한결같은 소원은 몸에 편한 예쁜 옷을 입고, 배부르고 맛있는 음식을 먹으며, 안전하고 안락한 집에서 사는 것이었단다. 이것을 사람이 사는 데 필수요건인 의 · 식 · 주라고 한단다.

이 문제가 해결된 다음 사람들의 소원은 건강하게 오래 사는 것이었단다. 한자로는 무병장수無病長壽란다. 여기에서 병을 예방하고 치료하는 의약품이 발명되었으나 이것만으로 무병장수 시대를 열 수는 없었단다.

이때 발명된 것이 의료기기였단다. 기간을 채우지 못하고 태어나 죽어가는 아기를 살려내는 인큐베이터, 몸 안의 소리를 듣고 위와 장을 들여다보는 청진기와 내시경 등이 등장한 것이지. 이러한 의료기기의 발명은 질병 치료의 혁명을 가져왔단다.

여기에 X선 발견 및 그 활용법, 뇌전도EEG, 자기공명영상MRI, 컴퓨터 단층

촬영CT, 초음파 검사는 내시경으로 들여다 볼 수 없는 뼈 속 깊숙한 곳과 장기의 내부까지 들여다 보고 진찰하여 치료할 수 있게 하였단다.

여기서 끝난 것이 아니었단다. 인류는 급기야 인공관절과 인공장기까지 발명하며 무병장수의 소원을 이루기 위해 노력하고 있단다. 그러나 무병장수의 소원은 아직도 이루어지지 못했으며, 그래서 발명가들은 지금 이 순간도 새로운 의료기구를 발명하기 위해 연구를 계속하고 있단다.

사랑하는 손주들아! 앞에서 살펴본 의료기기들은 하나같이 첨단기술로 제작된 것 같으나 의외로 쉽게 발명된 것도 있단다. 인큐베이터가 좋은 사례이다. 1880년 프랑스의 산부인과 의사였던 에티엔 스테판 타르니에는 병아리 부화기의 원리에서 힌트를 얻어 인큐베이터를 발명했단다.

몸속의 소리를 귀로 듣고 질병을 치료하는 청진기는 어린이들이 노는 모습에서 힌트를 얻어 발명되었단다. 1816년 프랑스의 의사였던 르네 라에네크는 정원을 산책하다가 어린이들이 긴 나무막대를 가지고 한쪽에서 다른 쪽으로 신호를 전달하는 타전 놀이를 하는 것을 보았단다. 그 순간 라에네크는 청진기의 원리를 생각해 냈단다. 당시 라에네크는 종이를 둘둘 말아 만든 통으로 환자를 청진했는데, 어린이들의 타전 놀이 방식을 참고하여 소리가 더 잘 들리는 효과적인 청진기를 발명한 것이지.

사랑하는 손주들아! 너희들도 자라서 성인이 되면 무병장수의 소원을 이루기 위해 의료기기 발명에 뛰어들 것이다. 그렇다면 지금부터 의료기기 발명에 도전해 보는 것도 좋을 것 같다.

의료기기 중 비교적 쉽게 발명할 수 있었던 것은 우선 안경으로 렌즈 제조 방법, 선글라스, 도수 조절 안경, 시력 검사표 등이었단다.

사랑하는 손주들아! 병원에 가면 너희들이 매일 사용하는 학용품과 비슷한 기기들을 많이 볼 수 있을 것이다. 의사와 간호사들은 이 같은 의료기기로

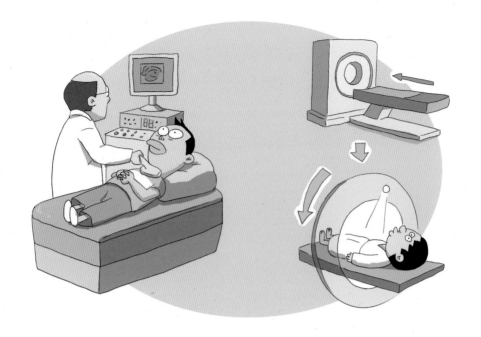

힘들게 환자들을 치료하고 있단다. 따라서 이것을 조금만 개선하여 편리하게 해도 발명으로 특허를 받을 수 있고, 그 의료기기들을 사용하는 의사와 간호사들은 한결 편안하게 일하게 되어 환자를 보살피는 데 더욱더 신경을 쓰게 될 것이다.

의료기기보다 한 단계 아래인 의료용품도 너희들이 도전해 볼 만한 분야가 아닌가 싶다. 각종 의료용 밴드와 파스, 매일 먹는 약을 위생적이고 안전하게 보관하며 정해진 시간에 먹을 수 있는 약품보관 용기, 어린이들이 쉽게 약을 먹을 수 있게 하는 기구 등은 전국 규모 학생 발명 전시회에도 많이 출품되고 있더구나.

휠체어도 병원에 없어서는 안 되는 필수품이더구나. 이것도 종류가 다양하고, 아직도 개선해야 할 부분이 많은 것 같은데 여기에 도전해 볼 생각은 없니?

병원에서 살펴보니 너희들이 할 수 있는 발명이 정말 많더구나.

스포츠용품의 발명에도 도전하라

건강은 세상만사와 즐거움과 기쁨의 원천이다.
— 쇼펜하우어

사랑하는 손주들아! '체력은 국력이다'라는 말을 들어 본 적 있니? 아주 오래 전부터 있어온 말이어서 모르는 사람이 없고, 너희도 모두 알고 있을 것이다.

'건강이 제일'이라는 말 또한 많이 들어 보았을 테지. 부모님은 너희들이 태어났을 때 '건강하게만 자라다오'라고 말씀하셨단다. 공부든 발명이든 모든 일은 건강이 뒷받침되어야 할 수 있기 때문이란다.

건강이 없으면 아무 일도 할 수 없기 때문에 건강은 아무리 강조해도 지나침이 없단다. 이 때문에 할아버지는 발명 특허 기업인으로서 기업 이윤의 사회 환원이라는 신념으로 국민 건강 증진과 체육 산업 발전에 기여하기 위하여 마라톤, 축구, 유도, 권투 등의 스포츠 활성화에 지원을 아끼지 않고 있단다. 할아버지의 이름을 딴 '남종현 마라톤 대회'와 상품명을 딴 '여명 컵 전국 유도 대회'와 '여명 국제 마라톤 대회'도 있는데, 할아버지가 행사를 협찬하여 붙여진 이름이란다.

　할아버지가 이렇게 스포츠대회를 열심히 협찬하는 이유는 간단하단다. 전 국민이 스포츠맨이라는 마음으로 열심히 운동하여 건강해진다면 자신이 하는 일에 활기가 넘치고 국가 경쟁력도 크게 향상되리라 확신하기 때문이다.

　할아버지가 어렸을 때도 건강은 최고로 손꼽혔고, 초등학교 교과목 중에도 '체육'이라는 과목이 있었단다. 그러다가 스포츠가 각광을 받기 시작했고, 스포츠용품 시장 또한 빠른 속도로 발전했단다. 각종 스포츠용품이 봇물 터지듯 쏟아져 나왔는데, 선수용은 물론이고 학생용과 어린아이용까지 발명되어 홍수를 이루었단다.

　사랑하는 손주들아! 누군가 너희들에게 스포츠가 무엇이냐고 물으면 뭐라고 대답하겠니? 사전에서는 스포츠를 '몸을 움직이거나 건강을 위해 몸을 움직이는 일' 또는 '경쟁과 유희성을 가진 신체 운동 경기의 총칭'이라고 정의한단다. 쉽게 말하면 '운동'이란다. 따라서 스포츠의 종류는 수없이 많고, 운동을 좀 더 효율적으로 하기 위해서는 여기에 알맞은 스포츠용품이 필요하단다. 그런 측면에서 스포츠처럼 발명할 것이 많은 분야도 흔치 않단다.

보다 과학적인 스포츠용품을 사용하여 운동해야 건강에도 좋고, 선수라면 좋은 기록도 낼 수 있단다. 여기서 '과학적인 스포츠용품의 발명이 곧 스포츠의 발전'이라는 말이 나왔단다.

1권의 '자연을 흉내 내는 것도 발명이란다'에서 소개했듯, 2000년에 개최된 시드니 올림픽과 2004년 개최된 아테네 올림픽에서 각각 수영 2관왕을 거머쥔 호주의 이안 소프 선수가 입은 전신 수영복은 매우 특이했단다. 상어 피부의 돌기를 흉내 낸 이 특이한 전신 수영복은 속도 향상에 큰 도움을 주었단다.

마라톤도 어떤 기능의 신발을 신었느냐에 따라 기록이 달라지기도 한단다.

사랑하는 손주들아! 다른 분야와 마찬가지로 스포츠용품도 누구나 발명할 수 있단다. 어떤 운동을 할 때 사용하는 스포츠용품을 '좀 더 편리하게' 하면 되는 것이란다. 실제로 스포츠용품을 발명하여 전국 규모 학생 발명 전시회에 출품하는 학생들도 많은데, 스포츠용품을 사용하면서 '이렇게 했으면 더 좋았을 텐데'라는 생각을 발명 노트에 기록해 놓았다가 이것을 좀 더 구체적으로 정리하는 과정에서 발명이 이루어진 것이란다.

스포츠용품의 발명 역사를 살펴보면 무척 흥미롭고 재미있단다. 잠깐 살펴보자꾸나. 골프는 양치는 목동들이 자신들도 모르는 사이에 발명한 것이란다. 13세기 중반 스코틀랜드 지방에서 양을 치는 목동들이 재미 삼아 돌멩이를 지팡이로 내리쳐서 토끼 굴 속으로 들어가게 한 데서 발명되었단다. 이때 돌멩이는 골프공이고, 지팡이는 골프채라 할 수 있겠지.

또 바스켓볼이라 불리는 농구는 추운 겨울철이나 눈비가 내리는 날에도 실내에서 할 수 있는 운동을 연구했던 캐나다의 제임스 네이스미스가 1891년 미국 YMCA 체육학교로 부임하여 발명한 것이란다. 실내 벽에 빈 복숭아 바구니를 달아놓고 축구공을 던져 넣었다가 꺼내는 식으로 시작했는데, 이후 축구공을 이 운동에 알맞게 개선하여 발명한 것이 바로 농구공이란다.

전쟁용품의 발명에도 도전하라

전화위복[轉禍爲福] : 재앙이 바뀌어 오히려 복이 된다는 뜻으로,
좋지 않은 일이 계기가 되어 오히려 좋은 일이 생김을 이르는 말

　사랑하는 손주들아! '전쟁'이 무엇인지 아니? 아마 너희들이 전쟁에 대해 아는 것이 있다면 사전에 나오는 '국가와 국가, 또는 교전交戰 단체 사이에 무력을 이용하여 싸움'이란 정의, 또 교과서에서 배우거나 소설과 드라마 및 영화를 통해 본 것이 고작일 테지.

　그러나 전쟁은 그 정도의 것이 아니란다. 할아버지는 어린 시절 우리 민족사의 큰 전쟁이었던 '6.25 전쟁'을 보았는데, 실로 엄청난 비극이었단다. 당시 인명 및 재산 피해는 언급하기조차 싫을 정도로 컸고, 전쟁이 휴전으로 매듭지어지면서 수많은 이산가족이 생기기도 했단다.

　이 때문에 사람들은 이 전쟁만 없었으면 대한민국이 크게 발전하여 오래전에 선진국이 되고, 남북이 통일되어 이산가족의 아픔도 없었을 것이라고 말한단다.

　사랑하는 손주들아! 그런데 인류의 역사는 전쟁의 역사이기도 하단다. 원

시인들도 전쟁을 했고, 부족들도 전쟁을 했고, 국가들도 전쟁을 했단다. 우리 민족도 고조선 이후 때로는 같은 민족끼리, 때로는 외국의 침입으로 수많은 전쟁 속에 살아왔단다. 그리고 전쟁은 지금도 계속되고 있단다.

어른들은 '평화를 위해 전쟁을 한다'는 어려운 말을 하곤 하는데, 너희들은 이해되지 않을 것이다. 너희들이 어른이 되면 전쟁 없는 평화로운 지구촌이 되었으면 좋겠다. 그래도 전쟁이 벌어진다면 전쟁을 일으킨 국가는 스스로 패망하는 발명품이 있었으면 좋겠구나. 이러한 발명은 너희들의 몫이 될 것 같다.

할아버지의 첫 번째 발명은 원격조정 폭발장치였단다. 당시로는 획기적인 발명으로 많은 돈도 벌 수도 있었단다. 공사 현장에서는 꼭 필요한 발명이었으나, 자칫 잘못하면 사람을 다치게 하거나 죽게 할 수도 있어 포기해 버렸다. 너희들도 사람을 다치게 하거나 죽게 하는 발명은 하지 않았으면 좋겠구나. 어른들의 말씀처럼 '평화를 위해 전쟁을 한다'면 공격보다는 방어의 무기

를 발명할 것을 당부하고 싶구나.

우리 조상들은 공격보다는 방어를 겸한 공격용 무기를 발명했단다. 방어만으로는 전쟁을 끝낼 수 없었기 때문이지. 그런데 너희들이 들으면 깜짝 놀랄 만한 사실이 있단다. 당시 조선의 무기들은 세계 최고였고, 많은 수가 지금도 이 분야의 세계 최초로 기록되고 있다는 점이다.

이러한 예로는 세계 최고이자 최초였던 철갑선 군함이었던 '거북선', 15세기 최고 첨단무기로 평가되는 '화차 신기전', 날아가는 시한폭탄이었던 '비격진천뢰' 등 수많은 발명품이 있단다. 하나씩 살펴보자꾸나.

이순신 장군이 직접 설계하여 군관 나대용으로 하여금 제작하게 한 거북선은 과학적인 다양한 구조로 제작되었는데, 특히 덮개를 씌우고 쇠꼬챙이를 박아 거북선에 왜군이 뛰어들지 못하도록 하고, 앞쪽에 무서운 용머리가 있는 것이 특징이란다.

화차 신기전은 최무선이 중국의 '비화창'을 개선하여 발명한 '주화'를 다시 획기적으로 개선하여 발명한 것이다. '세계 최초의 로켓 추진형 다연발 무기'로 국제우주학회도 인정했단다.

비격진천뢰는 우리 민족의 독자적인 기술로 발명한 세계 최초의 시한폭탄이다. 발사하면 목표물에 날아가 폭발하면서 수많은 파편을 쏟아내는 무서운 무기였단다.

사랑하는 손주들아! 아이러니하게도 전쟁 때문에 유익한 발명이 이루어지기도 했단다. 우리 민족의 자랑거리인 '팔만대장경'과 다산 정약용 선생이 발명한 거중기, 나폴레옹이 군인들의 식품으로 현상 모집하여 당선한 병조림이 바로 그것이란다.

너무 잘 알려진 내용으로 인터넷 검색만 해도 자세한 내용을 알 수 있어 이 책에서는 설명을 생략하겠다. 할아버지는 전쟁과 관련된 발명이라도 이런 발명은 환영한단다.

할아버지는 '인류에게 건강하고 풍요로운 삶을 제공하는 세계 제일의 발명 특허 기업인'이 되기 위해 수많은 발명을 하고 있는데, 그중 하나인 화상 치료에 탁월한 효과가 있는 덴데 크림을 과테말라·레바논·아프가니스탄 등 전쟁 피해 지역에 각각 150만 달러어치씩 무상으로 지원하기도 했단다.

이 발명품의 주 원료는 우리나라에서 생산되는 천연식물로, 농촌 경제의 새로운 소득 패러다임을 만드는 역할까지 하고 있단다.

신발의 발명에도 도전하라

그 사람의 신발을 신고 걸어보기 전까지는 그를 판단하지 마라.
— 전통 속담

　사랑하는 손주들아! 세상에서 신발만큼 중요한 발명품도 흔치 않단다. 사람이 움직이려면 실내에서는 실내화가, 특히 실외에서는 실외화가 반드시 필요하기 때문이란다. 또 신발이 편해야 건강에도 좋고, 활동적이 될 수 있고, 운동선수의 경우 기록도 향상되기 때문이란다. 이 때문에 '신발은 과학이다'라는 말이 생겨나기도 했지.

　너희들은 지금 어떤 신발을 신고 있니? 할아버지가 조사해 보니까 너희 또래의 학생들이 가장 즐겨 신는 신발은 유명 상표로서 모양과 색깔이 예쁘고, 기능성을 갖춘 신발이더구나.

　그렇다면 신발은 언제 발명되었고, 어떤 과정을 거쳐 오늘에 이르렀으며, 앞으로 어떻게 변화할 것인가를 생각해 본 적이 있니? 할아버지와 함께 알아보자꾸나.

　원시인들은 맨발로 뜨거운 모래사막 길과 차가운 눈얼음길은 물론 거친 가

시 밭과 돌길을 걸었단다. 요즘도 신발을 신지 않는 밀림지대의 사람들이 있기는 하지만, 너희들로서는 신발이 없는 세상은 상상하기조차 어렵겠지?

인류가 신발을 발명한 것은 아주 오래전의 일로, 언제 누가 어떻게 발명했는지는 정확히 알 수 없단다.

학자들에 따르면, 바늘이 발명된 약 2만 5천 년 전에 신발 또한 발명되었을 것으로 추측된다는구나. 이때부터 옷을 만들어 입은 만큼 신발도 만들지 않았을까 추정하는 것이란다. 실제로 시베리아에서는 약 2만 년 전에 만든 것으로 여겨지는 사슴 가죽으로 만든 '모카신'이라는 신발이 발견되기도 했단다.

이외에도 학자들은 최초의 신발은 나무껍질이나 풀 또는 동물의 가죽이나 털을 이용하여 발을 감쌌던 물건이었을 것으로 추측하고 있단다. 실제로 이집트에서는 약 3100년 무렵의 왕이 신던 샌들이 발견되기도 했는데, 재료는 식물섬유였단다.

우리나라에서도 신발에 대한 벽화와 기록을 찾아볼 수 있는데, '쌍영총' 벽화와 《삼국사기》 및 '색복조'에 비교적 상세하게 그려져 있으며, 기록되어 있단다.

우리나라에서는 신발을 한자로 화靴와 이履로 썼는데, 화는 목이 긴 신발이고, 이는 운두신발의 높이가 낮은 신발이었단다. 우리 조상들은 화보다는 이를 많이 신었는데, 신분이 높거나 돈이 많은 사람은 가죽신을 신었고, 일반 서민은 짚신을 신었단다.

우리나라 신발의 종류는 사용하는 재료를 달리하면서 다양해졌는데, 고려시대를 거쳐 조선시대에는 명칭도 더욱 다양해졌단다. 나무로 만든 목화와 나막신, 가죽으로 만든 운혜·흑피혜·당혜·태사혜·징신·발막신 등, 짚으로 만든 짚신, 눈 올 때 미끄럼 방지용으로 덧신는 설피, 방한용 신발 동구니 신, 놋쇠로 만든 유제, 마麻로 만든 마혜 등 실로 다양했단다.

사랑하는 손주들아! 옛날 사람들의 신발이 발을 보호하는 것이었다면 근현대의 신발은 건강과 모양 및 아름다운 색깔 중심으로 발명되었단다. 이어 등장한 것이 기능성이었고, 급기야 신발에도 인체공학을 도입하기에 이르렀단다. 인체공학적 등산화의 발명은 알프스 산맥을 정복하게 했고, 각종 스포츠화의 발명은 경기력 향상에 크게 기여했단다.

신발 안의 온도를 알맞게 유지해 주며, 땀을 나지 않게 해 주고, 통풍까지 되는 신발이 발명된 것은 이미 오래전이고, 머리·심장·관절 등에 좋은 기능성 신발도 발명되어 계속 개선되는 등 하루가 다르게 변신하고 있는 것이 신발이란다.

심지어는 같은 기능의 신발도 성별 및 나이에 알맞게 맞춤형으로 발명되며, 물 위를 걷고 가볍게 나는 신발, 즉 상상 속의 신발도 곧 등장할 것이라고 한다.

사랑하는 손주들아! 너희들은 어떤 신발을 갖고 싶니? 마음껏 상상해 보렴. 자동차처럼 빨리 달릴 수 있는 '태양열 발전 신발' 등, 어떤 것이라도 좋다. 요즘은 상상이 곧 발명이란다. 정부가 너희들에게 무한 상상을 교육하는 이유도 바로 여기에 있단다.

과자의 발명에도 도전하라

당신이 지금 과자를 먹을 수 없다고 하여 그것을 먹고 있는 이에게
남겨 놓으라고 할 수는 없는 법이다. ─중국 격언

사랑하는 손주들아! 과자는 언제 어떻게 발명되었을까? 인터넷 검색을 해 보니 기원전 6000~4000년 경이더구나. 당시 이란에서는 야생하는 밀을 물로 반죽한 음식이 있었는데 이것이 오늘날의 과자에 해당된다더구나. 그런데 우연한 기회에 이 반죽에 야생 효모가 들어가 발효 빵까지 만들어졌는구나. 그러니까 발효 빵은 우연한 발명된 것이란다.

사랑하는 손주들아! 만약에 어느 날 갑자기 과자가 없어진다면 어떻게 되겠니? 아이들은 과자를 달라고 울고, 아마 너희들도 투정을 부릴 것이다. 어쩌면 어른들까지도 말은 하지 않아도 안타까워할 것이다.

왜 그럴까? 답은 간단하단다. 과자 없이는 살기 어려운 세상이 되어 버렸기 때문이란다. 과자가 무엇인지와 그 종류를 살펴보면 너희들도 쉽게 이해할 수 있을 것이다.

과자란 '정식 식사 외에 먹는 단맛을 위주로 하는 기호식품'이지만 사실은

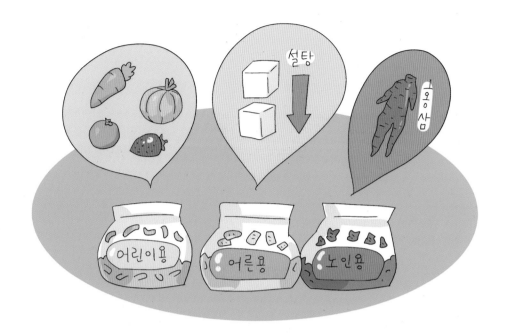

이미 정식 식사의 일종으로 자리 잡아가고 있단다. 가장 먼저 정식 식사로 자리를 잡은 과자는 빵으로, 실제로 밥보다 빵을 선호하는 사람은 아주 많단다. 아메리카와 유럽 등에서는 아예 정식 식사가 빵인 나라도 있단다.

과자의 종류는 크게 팽창 형태에 따라, 제품에 따라, 가공 형태에 따라, 지역 특성에 따라 분류할 수 있고, 분류에 따라 또다시 좀 더 구체적으로 구분할 수 있단다.

지면 관계상 '제품에 따른 분류'에 대해서만 알아보기로 하자. 제품에 따른 분류는 다시 빵류와 과자류로 나뉜단다.

빵류는 다시 식빵류 · 과자빵류 · 페이스트리류 · 특수빵류 · 조리빵류 · 도넛류 · 찜류 등으로 분류된단다. 또 과자류는 양과자류 · 생과자류 · 페이스트리류 · 냉과류, 튀김과자류 등으로 분류된단다.

이 정도의 설명만 들어도 과자의 종류가 얼마나 다양하고 많은지 짐작할 수 있겠지? 너희들도 마트에 가 봐서 알겠지만 정말 많은 종류의 과자가 있단다. 어느 사이 과자 없는 세상은 상상할 수 없게 되었다 해도 과언이 아니라는 생각이 드는구나.

그런데 아직도 과자가 안고 있는 문제점은 생각보다 많고, 그래서 발명되어야 할 것도 많다고 할 수 있단다.

우선 먹기는 좋지만 건강에 해로운 것도 있고, 비만 등 질병의 원인이 되는 것도 있단다. 또 종류는 다양하나 막상 할아버지처럼 어른들이 먹을 만한 것은 별로 없는 것 같더구나. 우리나라처럼 인구 대비 할아버지 할머니가 많은 나라가 흔치 않고, 할아버지 할머니도 너희들 못지않게 과자를 좋아하는데 어떻게 하면 좋겠니? 새로운 과자의 발명밖에 다른 답이 없단다.

또한 정식 식사로 자리를 잡아가고 있다면, 이에 알맞은 과자가 발명되어야 하지 않겠니? 우선 몸에 해롭거나 비만 등 질병의 원인이 되는 첨가물은 일절 사용하지 말아야 할 것이다. 그렇다면 새로운 첨가물을 찾아내야 하는데 할아버지가 천연 조미료 '육향'과 숙취 해소용 천연 차 '여명808' 등을 발명하면서 찾아낸 천연식물 재료만으로도 충분하겠다는 생각이 드는구나. 너희들은 《동의보감》 등 전문서적을 보기 어려울 테니 인터넷으로 천연식물을 검색하면 어렵지 않게 찾을 수 있을 것이다. 천연식물에는 어쩔 수 없이 사용하는 첨가물의 독성을 약화시키는 기능도 있단다.

이제 너희들은 연령별, 즉 어린 아이용·어린이용·성인용·노인용 등으로 세분하고, 그 연령에 맞는 기능성 과자를 발명해야 할 것이다.

5대 영양소는 물론이고 칼슘 등 각종 몸에 꼭 필요한 물질도 첨가하는 등 '과자는 식품이자 과학이다'라는 정신으로 발명에 임하렴. 단, 몸에 좋아도 맛이 없으면 안 된다는 사실을 명심하기 바란다.

할아버지는 숙취에 가장 효과가 좋은 천연 차를 발명한 다음, 이 천연 차의 가장 좋은 맛을 찾아내기 위해 808번의 실험을 반복했단다.

화장품의 발명에도 도전하라

만족은 최고의 화장이다.
— 덴마크 속담

사랑하는 손주들아! 사람들은 언제부터 화장을 했을까? 이 글을 쓰기 전에 화장품의 역사를 조사해 보았더니 놀랍게도 5만 년 전이더구나. 할아버지는 이 같은 사실을 영국 브리스톨대학교 조앙 질량 교수 연구팀의 논문에서 보았단다. 연구팀은 2010년 스페인 남부 무르시아 지방에서 5만 년 전 것으로 추정되는 조개껍데기를 발견했는데, 화장용 색소를 담아두기도 하고 화장도구로도 사용한 것으로 보인다는구나.

사랑하는 손주들아! 화장을 해 본 적이 있니? 할아버지는 '대부분의 친구들이 화장을 하고 있으나 저는 아닙니다'라고 말하는 학생을 여러 명 만난 적이 있단다. 그러나 이 학생들도 사실은 오래전부터 화장을 하고 있었단다. 이들 학생들은 모두 세수를 할 때마다 비누를 사용했고, 머리를 감을 때 샴푸와 린스를 사용했고, 피부 보호를 위해 얼굴과 손 등에 크림을 발랐고, 일부 학생은 자외선 방지 크림도 사용하고 있었단다.

이들 학생들은 '화장은 색이 있는 화장품을 사용하여 예뻐지게 하는 것'이라고 생각하고 있더구나. 아마 화장의 낱말 뜻이 '화장품 따위를 얼굴에 바르고 곱게 꾸밈'이기 때문이었을 것이다.

그러나 화장품의 종류는 실로 다양하고, 일부 화장품은 예뻐지게 하는 것이 목적이 아니라 피부를 보호하거나 건강하게 하는 것이 목적인 경우도 있단다. 바로 이런 기능성 화장품을 사용하는 것도 화장의 일종이란다.

옛날에는 성인 여성들만 화장을 하였으나 언제부터인가 학생은 물론 어린아이와 남자들까지도 화장을 하기 시작했단다. 이것은 너희가 더 잘 알고 있을 것이다. 그렇다면 너희들도 화장품을 발명할 수 있고, 당연히 화장품 발명에 도전해야 한다고 할아버지는 생각하는데 어떻게 생각하니?

화장품의 종류를 살펴보면 알 수 있는데, 화장품은 화장품 법 시행규칙의 정의에 따라 분류한다더구나. 즉, 어린이용·목욕용·인체 세정용·눈 화장용·방향용·염모용·색조 화장용·두발용·손발톱용·면도용·기초 화장용 등으로 나뉘어지더구나. 그리고 여기서 또다시 용도에 따라 분류된다고 한다. 예를 들어, 어린이용만 해도 샴푸·린스·로션·크림·오일·세정용 제품·목욕용 제품 등 수없이 많지 않니. 여기에 화장에 필요한 기구 및 가구까지 포함하면 화장품 처럼 다양한 발명이 가능한 분야도 흔치 않다는 생각이 들더구나.

할아버지가 어느 화장품을 파는 마트를 찾아 조사해 보았더니 너희들 또래의 학생들이 소비하는 화장품의 양이 어른들 못지않게 많다더구나.

그동안 화장품을 사용하면서 어떤 생각을 했니? 화장품을 사용하면서 '이렇게 했으면 좋았을 텐데'라든가 '이런 기능이 있으면 좋겠다'라는 생각을 했다면, 이미 화장품을 발명한 것이나 다름없다고 할 수 있단다.

학생들의 화장품 발명은 이미 많이 이루어지고 있단다. 전국 규모 학생 발

명 전시회에 가 보면 금방 알 수 있을 것이다.

그렇다면 너희들은 어떤 화장품 발명을 해야 하며, 어떻게 해야 할까? 먼저 현재 생산되고 있는 화장품의 문제점을 찾아 그 해결 방법을 찾는 것이 어떨까 하는 생각이 든다. 할아버지가 보기에 아직도 해결해야 할 문제가 많은데, 가장 큰 문제는 피부에 해로운 물질이 첨가되어 있다는 것이다.

어떻게 하면 이러한 문제를 해결할 수 있을까? 할아버지가 모든 발명에 천연식물을 사용하듯이, 화장품에도 화학물질 대신 천연식물에서 뽑아낸 물질를 활용해 보면 어떨까? 오이 등으로 얼굴 마사지를 하는 이유가 무엇일지도 생각해 보기 바란다. 식물뿐만 아니라 광물도 피부에 좋은 것이 많더구나. 황토 팩 및 머드 팩 등은 왜 하는지 생각해 보면 답이 나올 것 같구나.

엄마들은 달걀에 무엇인가 또 다른 첨가물을 넣어 얼굴 마사지를 하는데, 이런 데도 관심을 가져보기 바란다. 또 옛 사람들이 단오가 되면 창포물에 머리를 감는 이유가 무엇이었는지 등을 알아보면 너희들도 화장품 발명에 성큼 다가설 수 있을 것이다.

음료의 발명에도 도전하라

한 잔의 커피를 만드는 원두는 나에게 60여 가지의 좋은 아이디어를 가르쳐준다.
— 베토벤

사랑하는 손주들아! 음료 하면 가장 먼저 떠오르는 것이 무엇이니? 보통 사람들을 대상으로 조사해 보니 콜라·사이다·환타 순이더구나. 이 밖에 또 생각나는 것이 무엇이냐고 물었더니 각종 과일 주스와 커피 등이라고 대답했단다.

사람들이 이렇게 대답한 이유는 2가지로 나눌 수 있는데, 첫 번째는 음료의 의미와 종류를 정확히 모르기 때문이고, 두 번째는 콜라·사이다·환타가 세계적인 음료이기 때문이란다. 다시 말해, 이 3가지만 한 세계적인 음료가 아직도 발명되지 못하고 있기 때문이라고 할 수 있단다.

우선 음료의 의미와 종류부터 알아보기로 하자. 음료란 사전에 나와 있는 것처럼 '물·차·술 따위와 같이 사람이 마시는 액체를 통틀어 이르는 말' 또는 '사람이 마실 수 있도록 만든 액체를 통틀어 이르는 말'이란다.

한편 우리나라에서는 비알콜성 음료만 음료로 인식하고 알콜성 음료인 술 등은 별도로 생각하는 사람도 많은데, 서양에서는 비알콜성 음료와 알콜성 음료를 합해 음료라고 한단다.

여기에서는 비알콜성 음료만 살펴보기로 하자. 비알콜성 음료는 다시 비탄산음료와 탄산음료로 구분한단다. 비탄산음료란 생수·밀크셰이크·상그리아·수정과·스포츠음료·식혜·식초·에너지 드링크·우유·차·커피·무알콜 칵테일 등을 말하고, 탄산음료란 탄산수·콜라·사이다·에그크림·진저에일·루트비어 등을 말한단다. 오늘날 전 세계에서 판매되고 있는 비알콜성 음료는 수백 가지에 이른다고 한다.

참고로 탄산음료는 이산화탄소를 물과 혼합한 것인데, 1775년 존 머빈 누스가 소량의 거품성 물을 만들어내는 기구를 발명함으로써 생산할 수 있게 되었단다. 탄산음료의 원조 격인 소다수는 1789년부터 유럽에서 생산되었단다.

음료에는 각종 과일 주스와 차茶도 포함된단다. 서양에 커피가 있다면 동양에는 차가 있는데, 차는 중국에서 비롯되어 우리나라와 일본을 거쳐 전 세계로 전파되었단다. 차의 종류도 우리나라와 중국 및 일본 등 동아시아권을 합하면 수백 가지나 된단다. 따라서 크게 '6대 다류'로 분류하는데, 녹차·백차·황차·청차·흑차·화차를 말한단다. 이들 6대 다류는 발효의 종류에 따라 구분하는데, 강 발효· 약 발효·불 발효·후 발효로 나눌 수 있단다. 또한 차는 만드는 방법에 따라 색·향·맛이 달라지고, 이름도 다르게 부른단다.

사랑하는 손주들아! 음료의 종류가 수백 가지가 넘는다는 사실을 알게 되니 무슨 생각이 떠오르니?

수백 가지가 넘는데도 그 가운데 아직 콜라·사이다·환타 같은 세계적인 음료가 없다면, 그러한 음료 발명에 충분히 도전해 볼 만한 하다는 생각이 들지 않니? 지금 당장이 아니어도 좋단다. 긴 안목으로 멀리 내다보며, 오늘부터는 어떤 음료를 마시든 그때마다 색·향·맛을 살펴보렴.

포장에 표시된 성분도 확인하고, 인터넷 검색을 통해 비슷한 것과 반대의 음료도 조사해 보렴. 그리고 그 결과를 발명 노트에 기록해 두어라. 코카콜라는 그 제조 방법이 특허로 등록되지 않고 노하우로 전해오므로 그 제조 방법을 알 수 없으나, 대부분의 음료 제조 방법은 특허 정보 검색을 하면 상세한 내용을 알 수 있단다. 할아버지의 각종 천연 차 제조 방법도 예외가 아니란다.

발명으로 성공한 음료가 어떤 제조 방법을 통해 어떠한 색과 향과 맛을 내는지 살펴보는 것만큼 좋은 공부도 없을 것 같다.

그리고 할아버지처럼 천연식물에서 원료를 찾는 방법도 생각해 보거라.

커피는 6~7세기경 에티오피아 아비시니아 지방에 살았던 목동 칼디Kaldi의

숙취 해소에 좋은 차 여명808(특허 제 10 · 1665584호)
숙취 해소 단한방 여명1004(특허 제 10 · 1665584호)
건강에 좋은 차 다미나909(특허 제 0439209호)

관찰을 통해 발명되었단다. 염소들이 어떤 나무열매를 먹고 즐거워하는 것을 보고 칼디 자신도 그 열매를 물에 끓여 먹어 보았더니, 정신이 맑아지고 기분이 좋아져 마시기 시작한 것이 커피의 시초란다.

또 다른 열매 또는 잎과 줄기를 찾는다면 제2의 커피 발명도 가능하지 않을까?

인스턴트식품의 발명에도 도전하라

우물가에서 숭늉 찾는다.
— 전통 속담

사랑하는 손주들아! 너희들은 학교에서 돌아오면 어떤 음식을 먹니? 엄마가 계시면 따뜻한 밥을 지어 놓았거나 인스턴트식품을 준비해 놓고 기다릴 것이고, 엄마가 직장에 나가면 밥 못지않은 인스턴트식품이 준비되어 있을 것이다. 이것은 할아버지 생각이 아니고 어느 단체에서 조사한 내용이란다. 너희들은 참 좋은 세상을 살고 있는 것이다.

할아버지가 어렸을 때에는 어떤 모습이었는지 아니? 당시에는 우리나라가 무척 가난해 대부분의 학생들이 미국에서 지원해 준 옥수수 가루로 끓인 죽을 학교에서 먹었단다. 따라서 학교에서 돌아오면 아무것도 먹지 못하는 학생들이 대부분이었단다. 당시에는 인스턴트식품이라는 용어조차 없었단다. 오로지 농수축산물이 전부였지.

인스턴트식품은 우리 식생활에 혁명을 가져왔다 해도 과언이 아니다. 그렇다면 인스턴트식품이란 무엇인가부터 알아보자. 너희들도 알고 있겠지만

'짧은 시간에 간단히 조리할 수 있고 저장·보관·운반·휴대 등이 편리하도록 만든 가공식품' 또는 '간단히 조리할 수 있고, 저장이나 휴대가 편리한 가공식품으로, 즉석식품 또는 반 조리식품'을 말한단다. 좀 더 쉽게 말하면 전자레인지나 뜨거운 물 등에 넣어 데우기만 하는 제품이나, 물만 넣고 끓이면 되는 라면, 즉석 된장국, 차 등을 가리킨단다. 이와 함께 열탕·물·우유 등을 추가해서 만드는 인스턴트커피 및 분말주스도 인스턴트식품이라 할 수 있지. 참고로 김밥·햄버거·버터·치즈·소시지·포 등은 더 이상 조리를 하지 않고 먹을 수 있으므로 인스턴트식품이라 할 수 없단다.

병조림과 통조림으로 시작된 인스턴트식품은 1958년 일본에서 라면이 발명되면서 붐이 일기 시작하였고, 이렇게 출시된 제품들이 하나같이 소비자의 사랑을 받으면서 식품 분야 전반으로 번져갔단다. 이후 세상이 바쁘게 돌아가며 시간에 쫓기는 사람들이 늘어남에 따라 인스턴트식품 시대가 열리기 시작했고, 이어 혼자 사는 사람까지 늘어나면서부터는 인스턴트식품 전성

시대가 되었단다.

불과 20여 년 전만 해도 혼자 사는 사람들은 하숙을 하거나 자취를 하면서 집 밥을 먹었단다. 그러나 지금은 냉장고에 보관할 수 있는 인스턴트식품이 집 밥보다 인기가 좋단다.

다양한 소비자의 욕구와 산업기술력의 발달로 인스턴트식품의 가공 방법과 종류는 수백 가지에 이르고 있단다. 가정의 집 밥 식탁에 오르는 모든 식품이 인스턴트식품으로 발명되었고, 간식류 및 일품요리도 인스턴트식품으로 변신하고 있단다.

앞으로도 인스턴트식품의 인기는 식을 줄 모를 것 같구나. 그 이유는 간단하단다. 여성의 사회 진출이 늘고, 할아버지 할머니들이 많아짐에 따라 시간과 노력을 줄일 수 있는 음식에 대한 소비자들의 욕구가 날로 높아지기 때문이란다.

사랑하는 손주들아! 사정이 이렇다면 너희들도 인스턴트식품 발명에 관심을 가져볼 필요가 있다는 것이 할아버지의 생각이란다. 너희들은 어떤 인스턴트식품이 먹고 싶니? 생각나는 대로 발명 노트에 적어 보아라. 각종 식품의 가공 방법은 이미 모두 발명되어 있단다. 건조·절임·훈연·냉동·발효 등과 이 밖에 식품의 재료에 따른 가공 방법이 바로 그것인데, 이들 가공 방법을 응용하여 새로운 인스턴트식품을 발명한다면 어렵지 않게 너희들도 발명에 이를 수 있으리라는 생각이 드는구나.

결코 어렵게 생각하지 마라. 인스턴트식품의 대명사라 할 수 있는 라면도 처음에는 비닐봉지에 담았으나 이를 개선하여 컵 라면이 발명되었고, 전 국민이 즐겨먹는 떡볶이도 용기 속에 포장되어 뜨거운 물속에 담그거나 전자레인지에 데워 먹을 수 있는 인스턴트식품으로 변신하였단다. 이와 마찬가지로 기존 식품의 새로운 포장법도 생각해 보아라.

우주선에 넣어간 김치는 어떻게 포장했을까도 생각해 보고, 엉뚱하더라도 식품이 아닌 물품의 포장 방법을 통해 인스턴트식품의 포장 방법을 생각해 보렴. 공기 압축 포장 방법이 식품에 도입된 것은 이미 오래전이란다. 이렇게 시작해서 인스턴트식품의 발명에 관심을 갖고, 언젠가 세계 제일의 인스턴트식품을 발명해 주기를 바란다.

장애용품의 발명에도 도전하라

이 세상에는 자기만 많은 고통을 가지고 있다고 생각하고 살아가는 사람이 많은데,
제가 바라볼 때는 이 세상을 살아가는 고통 속에 숨어 있는 진주를
못 찾아내고 있다는 사실이 참 안타깝습니다. ─ 어느 장애인의 말

사랑하는 손주들아! 세상에서 가장 큰 복은 무엇일까? 건강이란다. 건강보다 큰 복은 없단다. 오죽했으면 '돈을 잃으면 조금 잃은 것이요, 명예를 잃으면 반을 잃은 것이요, 건강을 잃으면 전부를 잃은 것이다'라고 하겠니.

비록 돈도 명예도 없다 할지라도 건강만 하면 모든 꿈을 이룰 수 있단다. 그런데 세상에는 건강하지 못한 사람들이 생각보다 많단다. 우리나라의 경우 20명 중의 1명은 몸이나 마음에 장애나 결함이 있어 일상생활이나 사회생활에 제약을 받는 장애인障碍人이란다.

몸이 불편한 지체장애인, 눈이 보이지 않는 시각장애인, 듣지 못하는 청각장애인, 말을 못하는 언어장애인, 정신이 정상이 아니거나 지능이 크게 떨어진 정신장애인들을 너희들도 많이 보았을 것이다. 이들 중에는 장애를 가지고 태어난 사람도 있고, 살면서 장애인이 된 사람도 있단다. 이들이 얼마나 불편한지 보통사람들은 잘 모른단다.

사랑하는 손주들아! 너희들은 이들을 바라보면서 어떤 생각을 하니? 착한 너희들은 모두 '불쌍하다, 도와주어야겠다'고 생각하겠지. 그래, 우리 모두 이들이 내 가족이라는 마음으로 사랑하고 도와주자. 너희들도 경험해 보았 겠지만 세상에서 가장 기쁘고 행복한 일은 이웃을 돕는 것이란다.

여기서 나아가, 그저 돕는 것으로 끝나지 않고 이들의 불편을 덜어주는 발 명을 했으면 좋겠다. 생각해 보아라. 나의 발명이 수많은 장애인들에게 도움 이 된다면 이보다 더 좋은 사회 공헌이 어디에 있겠니.

장애용품을 발명하는 방법은 생각보다 쉽다. 우선 장애용품을 판매하는 마트를 찾아가 어떤 장애용품들이 있는지 살펴보고, 그 장애용품을 사용하 고 있는 장애인을 찾아가 무엇이 불편한지부터 알아보거라. 어쩌면 장애인 들이 '이것이 불편한데, 이렇게 해줬으면 좋겠다'고 말할지 모른다. 이 말을 들었다면 이미 발명은 거의 끝난 것이라고 할 수 있을 것이다. 요즘 발명은 '이렇게 했으면 좋겠다'라 할 수 있는데, '이렇게 해줬으면 좋겠다'는 말을 들 었으니 말이야.

이보다 좋은 방법은 '장애인 체험'을 해 보는 것이란다. 우선 지체장애 체험 부터 해 보자. 다리 하나가 다쳤다고 생각하고 한 발로 움직여 보아라. 그 순 간 '이런 것이 있었으면 좋겠다'는 생각이 떠오를 것이다. 즉시 발명 노트에 기록하렴. 이어 손 하나가 다쳤다고 생각하고 한 손으로 생활해 보아라. '이 런 것이 있었으면 좋겠다'는 생각이 떠오를 것이다.

이런 방법으로 시각장애, 청각장애, 언어장애, 정신장애까지 체험해 보라. 무엇을 발명할 것인가의 문제가 해결될 것이다.

'무엇을 발명할 것인가'가 결정되었다면 그 발명은 이미 반이 끝났다고 해 도 무리가 아니란다. '시작이 반'이라는 속담도 있지 않니.

할아버지는 전국 규모 학생 발명 전시회를 협찬하고, 전시장을 관람하기도

하고, 많은 학생들과 대화를 나누기도 하는데, 장애용품을 발명하여 출품한 학생들 대부분이 장애인을 만나 불편한 것을 확인했거나 장애인 체험을 통해 발명의 대상을 찾았다고 말하더구나.

사랑하는 손주들아! 필요한 장애용품이 너무나도 많은 것이 현실이란다. 처음에는 이미 사용되고 있는 것들을 좀 더 편리하게 개선해 보고, 이후 한 단계씩 높여가는 것은 어떨까? 이와 함께 무한 상상을 통해 지체장애인을 위한 '목적지를 말하거나 입력하면 안전하게 데려다주는 전동차'도 생각해 보거라. 2015년 기준 국민 4명 중 1명이 일상생활에서 이동에 불편을 느끼는 교통약자란다.

또 시각장애인을 위한 '로봇 개'도 생각해 보고, 청각장애인을 위한 '피부로 소리를 듣고 뇌에 전달하는 인공 귀'도 생각해 보고, 언어장애인을 위한 '머릿속의 생각을 소리로 바꾸는 인공 입'도 생각해 보아라. 당장은 불가능한 발명이지만, '꿈은 이루어진다'는 마음으로 무한 상상을 해 보자.

용기의 발명에도 도전하라

사람이 사람답게 살 수 있는 힘은 오직 의지력에서 나온다.
물그릇이 있어야 물을 뜰 수 있다. 의지력이란 바로 그 물그릇인 것이다. ― 레오나르도 다빈치

사랑하는 손주들아! 우선 용기에 대해 알아보자. 여기서 용기는 '굳세고 씩씩한 기운'을 뜻하는 '용기勇氣'가 아니고, '음식이나 물건 따위를 담는 기구를 통틀어 이르는 말'을 뜻하는 '용기容器'란다. 한자로는 容담을 용 자와 器그릇 기자를 쓴단다. 무엇인가를 담는 그릇을 말하는 거지.

너희들 주변에는 어떤 용기가 있니? 아마 집에서만도 100여 가지는 쉽게 발견할 수 있을 것이다. 우선 안방의 화장대부터 살펴보아라. 이어서 욕실·주방·세탁실·다용도실·창고 등 모든 공간을 살펴보라. 어쩌면 100여 가지가 훨씬 넘는 각종 용기를 만날 수 있을 것이다.

다음에는 마트와 약국으로 달려가 보자. 집에서 본 것보다 몇 배나 많은 용기를 발견할 수 있을 것이다. 이것들이 대부분 디자인으로 출원 중이거나 등록을 받은 발명품이란다.

형상도 다양하고, 모양도 다양하고, 색채도 다양하고, 용도도 다양하고, 재

료도 다양하고, 심지어는 기능까지 다양하지. 여기서 형상·모양·색채 및 이들을 결합한 것은 디자인에 해당하고, 용도·재료·기능은 특허와 실용신안에 해당한단다.

한 마디로 내용물 못지않게 중요한 것이 용기이고, 용기가 좋아야 물건이 잘 팔리는 시대가 되었단다.

그렇다면 잠시 용기는 언제부터 사용했는지 그 역사를 살펴보자꾸나. 용기의 역사는 자그마치 1만 2천 년 전으로 거슬러 올라간단다. 때는 신석기 시대인데, 이때 이미 흙으로 토기土器를 만들어 사용했단다.

토기는 인간이 흙·물·불·공기 등을 섞어 만들어 낸 최초의 합성 발명품으로, 종류도 다양하여 옹·발·시루·항아리·항아리 받침대·굽다리 접시·컵 형 토기 등 수없이 많단다. 이들 토기는 생활용기와 의례용기로 사용되었단다.

한반도에서도 신석기시대부터 토기가 사용되었는데, 흔히 빗살무늬토기로 대표되는 새김무늬 토기가 주류를 이루며, 민무늬토기·덧띠토기·붉은

간 토기 등도 있단다.

우리는 여기서 토기에도 무늬를 넣는 등 디자인이 중요시되었음을 짐작할 수 있단다. 이처럼 아름다움과 편리함을 추구하는 것은 인간의 본성으로 예나 지금이나 다름이 없단다. 특히 요즘처럼 아름다움을 추구한 적은 일찍이 없었고, 이에 따라 디자인이 특허와 실용신안 못지않게 소중히 여겨지고 있단다.

용기의 모양이 판매를 좌우하는 시대가 열린 것은 이미 오래전이란다. 세계에서 가장 많이 팔린 것으로 기네스북에 기록되어 있는 코카콜라도 독특한 맛 못지않은 독특한 병 모양이 소비자들의 눈길을 끌면서 판매실적이 훌쩍 뛰어올랐다고 한다.

여기서 잠시 용기와 포장에 대해서 알아보자꾸나. 쉽게 말해 용기는 '담는 그릇'이고, 포장은 '그 용기나 물건을 보호하기 위해 종이나 천 따위로 물건을 싸서 꾸림'을 말한단다. 따라서 용기와 포장은 다른 것이란다.

사랑하는 손주들아! 이제 음료수와 액체 약을 먹을 때 그 용기를 살펴보고 새로운 용기를 머릿속에 떠올려 보거라. 안방의 화장품 용기를 비롯하여 욕실·주방·세탁실·다용도실·창고 등의 용기는 물론 마트와 약국 등에서 사용하는 용기도 눈여겨 살펴보아라. 무엇인가 번쩍 떠오르는 모양이 있다면 즉시 그림과 함께 기록하거라.

박물관을 찾아 조상들이 사용했던 용기와, 그 용기의 형상·모양·색채 또는 이들의 결합을 살펴 요즘 사용되는 용기와 비교하며 새로운 모양을 떠올려 보아라.

때로는 엉뚱한 모양도 떠올려보고, 때로는 재료도 바꿔보고, 때로는 다른 용도로 사용할 생각도 해 보고, 때로는 기능을 추가해 보거라. 너희들의 때 묻지 않은 참신한 아이디어가 새로운 용기, 더 편리하고 더 기능적인 용기를 탄생시킬 수 있을 것이다.

　좀 더 안전하고, 좀 더 아름답고, 좀 더 매력 있고, 좀 더 맛있어 보이고, 좀 더 크게 또는 작게 보이고 등 '좀 더'로 시작되는 다양한 구상을 통해 새로운 용기를 창조해 보기 바란다.

농기구 및 농기계의 발명에도 도전하라

콩 심은 데 콩 나고 팥 심은 데 팥 난다.
— 전통 속담

사랑하는 손주들아! 너희들 중에는 농촌을 잘 아는 학생도 있고, 잘 모르는 학생도 있을 것이다. 잘 아는 학생은 농촌 또는 농촌과 가까운 곳에 사는 학생일 것이고, 잘 모르는 학생은 부모님을 따라 할아버지 할머니를 찾아가거나 농촌에서 휴가를 지내보았거나 또는 농촌 체험 정도를 해 본 학생일 것이다.

우리나라는 예로부터 농업 국가였단다. 세계에서 가장 먼저 농사를 지은 것도 우리 민족이지. 이는 옛날에 사용했던 농기구의 발견에서 밝혀진 사실이란다. 그런데 산업화 사회가 열리면서 농촌인구가 줄어들기 시작했고, 지식기반 사회에 접어들면서부터는 다른 일에 비해 힘이 들면서도 소득이 크게 떨어지는 농업이 사람들의 외면을 받기에 이르렀단다. 농촌에 가면 기업형으로 농사를 짓는 사람들은 비교적 젊은 데 비해, 일반 농가는 대부분 할아버지 할머니인 이유도 여기에 있단다.

　그러나 농업은 과거에도 지금도 미래에도 없어서는 안 될 소중한 것이란 다. 할아버지가 어렸을 때만 해도 농업은 '천하에서 으뜸가는 일'이었고, 농 자천하지대본農者天下之大本이라 할 정도로 농사가 으뜸이었단다. 여기서 농 자천하지대본이란 '농업은 천하의 사람들이 살아가는 큰 근본'이라는 뜻으 로, 농업을 장려하는 말이란다.

　사랑하는 손주들아! 아무리 인스턴트식품이 맛있다 해도 오래 먹으면 싫증 이 나지 않겠니? 게다가 실은 그 인스턴트식품의 재료도 대부분 농·축·수 산물이란다. 따라서 농업이 없는 세상은 존재할 수가 없단다.

　그렇다면 어떻게 해야 할까? 힘들고 소득이 적어 농촌인구가 줄어들었다 면, 반대로 힘이 덜 들고 소득이 높아지면 농촌인구가 늘어 제2의 농업 사회 가 열리지 않을까? 혹은 제2의 농업 사회까지는 아니더라도 농업이 조금씩 발전하지 않을까? 이를 위해서는 어떻게 하면 될까? 여러 가지 대책이 있어 야겠지만 무엇보다 새로운 농기계가 발명되어야 한다는 것이 할아버지의 생 각이란다.

우리 민족 최초의 농기구는 기원전 6000~3000년경에 사용된 뒤지개로, 긴 막대기의 한쪽을 뾰쪽하게 깎은 것이란다. 땅속의 식물이나 그 뿌리를 캐고 씨앗 구멍을 내는 데 썼단다. 이어 뒤지개를 개선한 따비, 사슴뿔을 그대로 쓴 뿔괭이 등을 시작으로 수많은 농기구가 발명되었단다.

1921년부터 1986년까지 밝혀진 삼국시대의 농기구만도 보습 5점, 따비 22점, 괭이 5점, 쇠스랑 32점, 낫 284점, 살포 42점, 삽 4점 등 모두 394점에 이르는데, 이들 농기구는 전국에서 고루 발견되었다는구나. 이런 사실만 미루어 보아도 우리가 전 세계에서도 앞서가는 농업 국가였음이 증명되고 남음이 있단다.

우리 조상들이 발명한 농기구로 근래까지 사용했던 것들을 농사 짓는 과정에 따라 분류하면 모두 16종이며, 여기에 딸린 것도 120가지나 된단다.

즉, 논밭을 가는 농기구·삶는 농기구·씨 뿌리는 농기구·거름 주는 농기구·매는 농기구·물 대는 농기구·거두는 농기구·터는 농기구·말리는 농기구·고르는 농기구·알곡 및 가루 내는 농기구·나르는 농기구·갈무리 농기구·축산 농기구·농산제조 농기구·기타 농기구 등 16종이란다. 이들 농기구는 일본으로도 전해져 일본 농업 발전에 크게 기여하기도 했단다.

그런데 이들 농기구가 기계화되는 과정에서는 선진국에 크게 뒤졌단다. 따라서 너희들에게 거는 농촌의 기대는 실로 크단다. 너희들은 그 숫자를 기준으로 비교했을 때 세계에서 가장 많은 발명을 하는 학생들이다. 그러므로 우리 조상들처럼 세계에서 으뜸가는 농기계를 발명할 수 있을 것으로 믿고 있단다.

이미 발명되어 있는 모든 농기계를 획기적으로 발전시키고, 논밭 등 현장에 나가지 않고 원격조정으로 농기계를 작동하며 가족들과 즐거운 시간을 보내는 행복한 농촌, 품질의 고급화로 소득 또한 도시를 앞서가는 농촌, 이런 농촌을 너희들이 이루어 냈으면 하는 마음이 간절하구나.

액세서리의 발명에도 도전하라

남이 은장도 차니 나는 식칼을 찬다.
— 전통 속담

사랑하는 손주들아! 요즘 길거리를 걷다 보니 액세서리 천국 같이 느껴지더구나. 남녀노소를 막론하고 액세서리 몇 개를 가지고 있는 것은 보통이고, 핸드폰과 각종 가방은 물론 온몸에 액세서리를 주렁주렁 매달고 다니더구나. 너희들도 많은 액세서리를 가지고 있을 게다. 그런데 액세서리가 무엇인지를 정확히 아는 사람은 별로 없는 것 같더구나.

액세서리란 '본체本體의 기능이나 효과를 증대시키거나 변화를 주는 부속품 또는 보조물의 총칭' 또는 '복장의 조화를 도모하는 장식품'이란다. 쉽게 말하면 부속품·장신구·트리밍trimming을 말한단다.

또 우리 조상들의 노리개와 서양의 주얼리珠寶, jewelry도 넓은 의미에서는 액세서리와 같은 것이란다.

노리개는 '여성의 몸치장으로 한복 저고리의 고름이나 치마허리 등에 다는 패물'이고, 주얼리는 '귀금속이나 보석으로 만들어진 장신구의 총칭'이지. 이

94

것을 발명가의 눈으로 바라보면 액세서리·노리개·주얼리는 비슷하다고
할 수 있단다. 그러므로 액세서리 발명을 할 때는 이러한 종류들을 함께 생
각하는 것이 좋을 것 같구나.

우선 노리개와 주얼리의 역사부터 알아보자. 노리개의 역사는 매우 길단
다. 아주 옛날부터 궁중과 상류사회는 물론 일반사람들에 이르기까지 널리
애용되었단다. 원시시대에도 동물의 뼈 등 다양한 재료로 귀걸이 등이 만들
어졌었지. 《고려도경高麗圖經》이란 옛날 책에는 고려시대 궁중과 상류사회
여인들이 허리띠에 찼다는 기록도 있단다. 또 고려 후기부터는 옷고름에 달
았단다.

우리 조상들은 집안에 전해오는 노리개를 가보로 후손에게 물려주곤 했는
데, 그 중에는 지금까지 전해오는 것도 있단다.

서양의 주얼리 역시 이집트 유적에서도 발견될 정도로 긴 역사를 가지고
있단다. 이들은 자신의 사회적 신분과 권력을 과시하거나 자신을 아름답게

보이게 하기 위해 주얼리를 찼단다. 심지어는 사랑의 징표나 죽은 이를 추모하기 위해 사용하기도 했단다.

이처럼 긴 역사를 가지고 있는 액세서리가 요즘처럼 소비자의 사랑을 받은 적은 일찍이 없었던 것 같다. 사람의 몸에 착용하는 액세서리만 살펴보아도 금방 알 수 있단다.

액세서리를 착용하는 사람의 몸 부위는 크게 머리·목·가슴과 허리·팔과 손·다리와 발·휴대용품·기타 부위와 관계없는 부위로 분류할 수 있는데, 너희들의 상상력을 자극하기 위해 머리와 기타 부위와 관계없는 부위에 트리밍으로 사용되는 액세서리만 소개하고자 한다. 우선 머리에 사용하는 것으로는 가발·헤어네트·헤어핀·깃털 장식·리본·모자·베일·스카프·관冠·비녀·빗·댕기·귀고리 등이 있고, 기타 몸 부위와 관계없이 트리밍으로 사용되는 것으로는 단추·지퍼·모피·리본·조화·구슬 등이 있단다.

사람의 몸에만 액세서리를 착용하는 시대는 오래전에 지나갔단다. 언제부터인가 사람들이 사용하는 각종 물건에도 액세서리를 다는 시대가 열린 것이다. 가방과 자동차에 액세서리를 붙이는 것은 당연한 일이 되었고, 손에 들고 다니는 핸드폰에도 액세서리가 달려 있더구나. '주객이 전도하다'는 말이 실감 나더구나.

여기서 '주객이 전도하다'는 '어떤 일이나 사태 또는 사물의 경중이나 선후·완급이 서로 바뀜'을 말한단다. 다시 말해 액세서리가 그것을 착용하는 물건보다 중요시되고 있다는 것이란다.

사랑하는 손주들아! 너희들은 어떤 액세서리를 갖고 싶니? 액세서리의 디자인을 특허청에 출원하여 등록하면 20년 동안 독점권을 가질 수 있단다.

액세서리 발명도 결코 어려운 것이 아니란다. 너희들 같은 학생들이 착용하는 액세서리라면 사람들이 가장 좋아하는 애완동물, 즉 개·고양이·카나리아·잉꼬·개구리·거북·뱀·도마뱀·금붕어·열대어·마모트·쥐·생쥐·토끼·햄스터 쥐·황무지 쥐·친칠라·악어·원숭이 등을 귀엽고 앙증맞게 디자인에 활용하는 것도 좋은 방법이다.

이와 함께 각종 물건을 의인화, 즉 사람이 아닌 것을 사람에 비유하여 표현하는 것도 좋을 것이다.

장난감의 발명에도 도전하라

비록 환경이 어둡고 괴롭더라도 항상 마음의 눈을 크게 뜨고 있어라.
― 명심보감

사랑하는 손주들아! 너희들은 어린 시절 몇 살까지 몇 종류의 장난감을 가지고 놀았니? 아마 기억도 할 수 없을 정도로 다양한 종류의 장난감을 가지고 놀며 성장했을 것이다. 장난감이 너희들을 즐겁게 해 주고, 명랑하게 해 주고, 창의력까지 길러주기 때문에 부모님들은 때로 무리가 되더라도 장난감을 사주었을 것이다.

그러나 할아버지가 어렸을 때만 해도 장난감을 파는 마트는 찾아보기 힘들었고, 설령 판다 해도 돈 많은 부잣집 아이들이나 가지고 놀 수 있었단다. 장난감이 귀하다 보니 장난감 없이도 놀 수 있는 숨바꼭질 · 달리기 · 술래잡기 · 땅재먹기 · 물놀이 등을 했으며, 장난감을 직접 만들어 놀기도 했단다.

할아버지가 직접 만들었던 장난감으로는 막대기 목마, 짚으로 새끼를 꼬아 만든 공, 종이로 만든 전화기, 자치기, 제기, 딱지, 찰흙 인형, 고무줄 총, 윷, 물총, 팽이, 굴렁쇠 등 수없이 많은 것이 있단다.

그렇다면 장난감은 언제 발명되었을까? 그 역사는 매우 길단다. 원시시대에는 돌멩이와 나뭇가지를 가지고 놀았는데, 기원전 4000년 도공들이 만든 동물 모양의 도기는 아이들이 끈으로 묶어 놀았던 것으로 추정되고 있단다. 또 고대 이집트에서는 돌로 만든 구슬을 가지고 놀았음이 밝혀졌단다.

그 후 기원전 3000년 이집트에서는 아이들이 나무 장난감을 가지고 놀았으며, 기원전 1000년 그리스에서는 '요요'의 원조라 할 수 있는 장난감이 등장하기도 했단다. 이처럼 긴 역사를 가진 장난감은 석기시대 · 청동기시대 · 철기시대를 거치면서 크게 발전하였고, 농경사회를 거쳐 산업혁명 이후에는 하나의 산업으로 뿌리를 내리기 시작했단다.

장난감은 쓰임새에 따라 분류할 수 있는데, 딸랑이 등 유아 장난감, 소꿉놀이 등 흉내 내는 장난감, 자동차 등 타는 장난감, 공 등 운동 놀이 장난감, 숫자 및 한글 놀이 등 학습 장난감, 블록 등 조립 장난감, 쌍안경 등 과학 장난

감, 음악소리가 나는 악기 장난감 등 실로 다양하단다.

또 시대에 따라 전통 장난감과 현대 장난감으로 크게 분류하고, 재료 및 용도와 놀이 방법에 따라 세분화하기도 한단다.

여기서 전통 장난감이란 나무와 돌멩이 같은 자연물을 그대로 이용하거나 사금파리·헝겊·종이·나무 등을 이용하여 만든 전통적인 어린이 장난감을 말한단다. 현대 장난감이란 상품으로 제작되어 다시 판매되기도 하지. 그런데 전통 장난감은 또다시 남자아이용과 여자아이용으로 구분되기도 한단다.

사랑하는 손주들아! 장난감 발명은 조금만 연구하면 누구나 할 수 있단다. 특히 너희들은 몇 년 전까지 장난감을 가지고 놀았고, 그래서 누구보다도 장난감의 장단점을 잘 알고 있기에 '이런 것은 고쳤으면 좋겠다'든가 '이런 장난감이 필요했는데'라는 생각을 금방 할 수 있을 것이다. 그런 생각을 했다면 이미 발명의 반은 끝난 것이나 다름없단다. 떠오르는 즉시 기록하고 틈나는 대로 연구하거라.

나이별로 필요한 장난감을 알면 더욱 쉽게 발명할 수 있을 것이다. 전문가에 따르면 1세 이하는 색깔이 아름답고 소리가 나는 장난감, 1~3세는 누르거나 잡아당기거나 끼우거나 빼는 등 조립할 수 있는 장난감, 4~6세는 상상력을 높이고 이야기할 수 있게 하는 장난감, 7세 이상은 이해력·추리력·분석력을 필요로 하는 장난감이 가장 좋단다. 너희들은 이 내용이 어떤 종류의 발명품을 말하는지 할아버지보다 잘 알 수 있을 것이다.

사랑하는 손주들아! 이제 장난감은 단순한 놀이기구가 아니란다. 값싼 놀이기구도 아니란다. 이제 장난감은 아이들 창의력 향상에 필수이고, 그 가격 또한 생각보다 훨씬 비싸 새로운 고부가가치 산업으로 떠오르고 있단다.

특히 요즘은 할아버지 같은 기업인들 중에는 학생들의 장난감 발명을 눈여겨보는 사람이 많단다. 실제로 학생의 발명을 사들여 제품을 생산하는 기업 인도 있고 말이야. 혹시 아니? 너희들이 발명한 장난감이 우리나라는 물론 세계적인 장난감이 될지. 몇 년 전 기억을 더듬어 멋진 아이디어를 떠올려 보기 바란다.

기능성 공기의 발명에도 도전하라

젊은 날의 매력은 결국 꿈을 위해 무엇을 저지르는 것이다.
— 엘빈 토플러

사랑하는 손주들아! 우리 주변에 가득 차 있는 것이 무엇이니? 두말할 것 없이 공기란다. 그런데 필요 없는 공기는 없단다. 산소 없이는 사람을 비롯한 동물이 살 수 없고, 이산화탄소는 사람에게는 해가 되지만 식물에게는 꼭 필요하고, 질소는 비료로 생산되었고, 수소는 미래에너지로 떠오르고 있단다. 이 밖의 공기들도 나름대로 유용하게 쓰이고 있단다.

공기도 발명일까? 공기의 존재를 인식하는 것은 발견이지만, 용도에 따라 사용하는 방법을 만드는 것은 발명의 영역이며, 기능을 더한 기능성 공기 또한 발명이란다.

여기서 잠깐. 할아버지가 어렸을 때는 우리나라 하면 '금수강산'이었단다. 물이 좋다는 말이지. 가는 곳마다 두레박이 없이도 먹을 수 있는 샘이 있고, 산마다 약수가 있어 등산객의 갈증을 달래주고, 때로는 물통에 담아 와 가족들과 나눠 먹기도 했단다. 심지어는 계곡에 흐르는 물까지도 식수로 사용할

수 있을 정도로 깨끗했단다. 비록 가난한 농경 사회였지만 살기 좋은 시절이었단다. 그리고 드디어 산업화시대가 열리기 시작했단다.

바로 그때 할아버지는 머지않아 물이 상품화될 것이라고 주장했단다. 당연히 사람들은 믿지 않았단다. 금수강산인데 물이 팔리겠냐며 비웃는 사람도 있었지. 그런데 산업화가 급진적으로 진행되면서 물이 상품화되기 시작했단다. 급기야는 전국의 마트 음료수 진열대에 생수가 등장하더구나.

할아버지는 이제 너희들에게 공기의 상품화 시대가 다가옴을 알려주면서, 기능성 공기의 발명에 관심을 가져달라는 부탁을 하고 싶구나. 기능성 공기는 모든 공기에 해당되지만 여기서는 기능성 산소에 대해서만 알아보자.

기능성 산소와 그 공급기계의 발명은 이미 오래전부터 시작되었단다. 병원에서 호흡이 곤란한 환자들에게 사용하는 인공호흡기, 즉 산소 호흡기를 두고 하는 말이란다.

인공호흡기란 '고압 산소 또는 압축 공기를 써서 인공적으로 호흡을 조절하여 폐에 산소를 불어넣는 장치'란다. 그 원리를 처음 발명한 사람은 영국의 생리학자 존 메이오였고, 최초의 인공호흡기는 1927년 미국의 필립 드링커와 루이스 쇼가 발명한 철제 호흡보조기였단다. 또 1931년 미국의 발명가 존 에머슨도 철제 호흡보조기를 발명했단다. 그러나 이들 호흡보조기는 원시적이고 무거운 데다 가격까지 비쌌단다.

이러한 문제점을 해결한 사람은 미국의 의학박사 포러스트 버드였단다. 버드는 1953년 통조림 깡통과 문손잡이를 결합한 시제품을 만들어 소수의 심폐질환자를 대상으로 실험하여 일부 효과를 검증했단다. 그 후 꾸준히 연구한 결과 1958년 마침내 완벽하게 환자의 호흡을 돕는 인공호흡기를 발명할 수 있었단다. 녹색 상자 안에 담긴 버드 유니버설 의료용 호흡기, 일명 '버드'는 안정된 성능으로 의료진과 환자들 사이에서 선풍적 인기를 누렸단다.

이후 많은 분야에서 산소 호흡기가 사용되기 시작했단다. 이와 함께 산업화 시대가 열리면서 선진국에서부터 기능성 산소가 상품화될 조짐이 보이기 시작했단다. 그러나 크게 활성화되지 못하다가 몇 년 전부터 상품화되고 있단다. 휴대용 산소 호흡기 · 산소 방 · 산소 욕 사우나 등이 대표적인 사례란다.

사랑하는 손주들아! 그렇다면 비교적 쉽게 발명에 접근할 수 있는 것은 또 무엇이 있을까? 물이 오염되면서 정수기가 발명되었지, 그렇다면 공기가 오염되었을 때 무엇이 발명되어야 할까? 압축산소를 캔에 담아 스프레이식으로 필요할 때 코와 입 그리고 눈 등에 뿌려주면 어떨까? 또 압축산소 속에 각종 기능성 기체물질을 더하면 어떨까? 피로 회복에 좋은 기체물질, 혈액 순환에 좋은 기체물질, 가벼운 질병 예방 및 치료에 효과가 있는 기체물질 등 무궁무진할 것이다.

머지않아 자동차 주유 및 전기 충전소처럼 전국에 기능성 산소 충전소가 생길 것이라고 할아버지는 확신하고 있단다.

침구의 발명에도 도전하라

걱정을 잠자리로 가지고 가는 것은 등에 짐을 지고 자는 것이다.
— 토마스 하리발톤

사랑하는 손주들아! 오늘도 잘 잤니? 너희들은 공부하느라 잠자는 시간이 짧으므로 잘 자는 것이 무엇보다 중요할 것이다. 잠을 잘 자려면 무엇보다 침구가 편하고, 부대시설이 좋아야 할 것이다.

여기서 침구寢具란 '잠을 자는 데 쓰이는 물건'을 말하는데, 그 종류는 실로 다양하단다.

사람은 평균 하루에 6~8시간을 잔단다. 하루의 4분의 1 내지 3분의 1을 잠을 자며 보내는 거지. 그래야 피곤이 풀리고 면역이 생겨 건강하게 공부도 하고, 일도 할 수 있기 때문이란다. 따라서 침구보다 소중한 것도 흔치 않단다.

너희들은 침구 하면 무엇이 생각나니? 크게 분류하면 침대·이불·요·베개·모포·타월 이불·매트리스·잠옷·슬리핑백·해먹그물침대 등이 생각나겠지. 그런데 이것들은 또다시 세분되며, 계절에 따라 변하기도 한단다.

침구를 판매하는 마트에 문의하니 세분화된 침구의 종류가 수백 가지나 된

다더구나. 그리고 이제 침구는 단순히 잠을 자는 데 쓰이는 물건이 아니고 '과학이고 예술'이라고 하더구나.

여기서 '과학이고 예술'이 무엇을 의미한다고 생각하니? 쉽게 말하면 특허·실용신안·디자인·상표를 의미한단다. 소재 및 기능은 물론 형상·모양·색채까지 모두 산업재산권으로 등록되어 있으며, 여기에 상표까지 더해져야 시장에서 침구로 인정받을 수 있단다. 깔고 덥고 베고 자는 침구 시대는 이미 오래전에 지나갔다고 하더구나. 이 때문에 침구 고유의 기능만 생각하고 생산하였다가는 큰 낭패를 보게 된다는 이야기도 들었단다.

할아버지가 침구 관련 특허 정보를 조사해 보니 하루가 다르게 기술이 발전하고, 디자인이 변하고 있더구나. 이는 유행이 쉽게 바뀌는데다 사람마다 취향이 다르다 보니, 발명 또한 다양하게 이루어지기 때문이란다.

사랑하는 손주들아! 너희들이 사용하고 있는 침구는 편하고, 아름답니? 잠은 잘 오고, 깊은 잠을 잘 수 있니? '이것보다는 이랬으면 좋겠고, 이런 형상·모양·색채였으면 좋겠다'든가 '이런 기능을 추가했으면 좋겠다'는 생각을 한 적은 없니?

너희들이 어떤 생각을 하든, 그 원리는 거의 개발되어 있기 때문에 어렵지 않게 발명으로 이어질 수 있단다. 심지어는 인체공학적으로 어떤 구조가 몸의 어느 부위에 좋은지도 연구가 거의 완료되어 있단다. 인체공학 침구도 어렵지 않게 발명할 수 있다는 말이란다.

이제 불편한 것을 발견하는 순간 발명가가 될 수 있단다. 무엇보다 몸에 좋은 소재 및 기능 그리고 디자인은 필수란다.

'침대는 과학이다'라는 광고는 아주 오래전의 것이고, 요즘은 '침구는 내 몸의 일부다'라 할 정도로 편안한 침구들이 등장하고 있단다. 그리고 편안함을 추구하는 인간의 욕구는 끝이 없단다.

여기서 한 가지 꼭 신경을 써야 할 것이 있단다. 몸이 불편한 장애인과 몸이 아픈 환자들을 위한 침구란다. 이들이야말로 편안한 침구가 필요하고, 그래서 이들의 입장에서 맞춤형 침구가 발명되어야 한단다.

여기서 '맞춤형'이란 장애 및 아픈 부위에 따라 발명되어야 함을 말한단다. 다시 말해 지체 · 시각 · 청각 · 언어 · 정신 등의 장애 및 환자들의 수면을 방해하는 요인을 최대한 없애서 그들이 편안하게 잘 수 있도록 해 주는 것을 말한단다. 의사 및 간호사들에게 물으니 이들에게 필요한 침구는 무엇보다 안전이 중요함을 잊지 말아야 한다더구나.

침구와 함께 생각해야 할 것이 부대시설이란다. 조명 · 온도 · 습도는 물론이고, 침대 또는 베개가 자고 있는 사람의 건강 상태를 점검하고, 위험할 경우 119 등에 비상 연락까지 이루어지는 침구가 필요하단다.

사랑하는 손주들아! 이런 첨단 발명은 성인이 되어 하기로 하고, 지금은 작은 발명부터 시작하여 큰 발명을 할 수 있는 능력을 쌓아주기 바란다.

컵의 발명에도 도전하라

가장 큰 위험은 위험을 감수하지 않는 것이다.
― 마크 주커버그

사랑하는 손주들아! 컵처럼 자주 쓰이는 그릇도 흔치 않을 것이다. 따라서 컵이 무슨 발명이냐고 말하는 사람도 있을 것이다. 그러나 컵은 우리 일상에서 없어서는 안 되는 물건이고, 따라서 발명의 소재로도 손색이 없다고 할 수 있단다.

컵에 대한 비하인드 스토리도 많단다. 할아버지가 젊었을 때인 1960년대에는 '인천 앞바다에 사이다가 떴어도 고뿌 없으면 못 마십니다'라는 재미있는 사이다송이 있었단다. 너희들은 잘 모르겠지만 당시 유명한 코미디언이었던 서영춘 님과 백금녀 님의 만담유머 레코드에도 그 구절이 실려 있단다. 참고로 여기서 '고뿌'는 일본어로 컵을 말한단다. 한자로는 잔盞이라고 쓰는데, 어르신들 중에는 요즘도 컵을 잔이라고 표현하는 사람이 많단다.

우리 조상들은 아주 옛날부터 컵을 사용했단다. 신석기시대부터 흙으로 만든 컵을 사용한 것으로 전해지며, 청동기시대에는 동, 철기시대에는 철로 물

을 마실 수 있는 용기, 즉 컵을 사용했던 것으로 알려지고 있단다. 궁궐과 상류층 사람들은 금과 은으로 만든 컵도 사용하였단다.

컵은 옹기·사기·백자·청자·담청자기로 만들어지면서 그릇은 물론 예술품으로도 자리 잡게 되었단다. 그 디자인은 현대 예술품으로도 손색이 없을 정도란다.

특히 우리 민족의 다기茶器, 즉 차를 끓여 마시는 데 필요한 여러 가지 그릇은 그 종류와 모양 및 구조가 당연 세계 최고 수준이란다.

사랑하는 손주들아! 컵의 용도는 실로 다양하단다. 그릇으로 사용되기도 하지만 뚜껑 겸 컵으로 사용되기도 하고, 용기로도 인기를 끌고 있단다. 컵 아이스크림·컵라면·컵 밥 등 그 용도는 끝이 없을 정도지.

기능성 컵도 계속 발명되고 있단다. 장애인용 컵을 시작으로 보온이 되는 컵 등 다양한 용도의 컵이 발명되고 있단다. 각종 신소재가 발명되어 마음만 먹으면 새로운 기능성 컵을 만들 수 있으며, 1회용 접는 종이컵도 다양한 모양으로 발명할 수 있단다.

특히 직장인들은 하루 종일 일하므로 책상 또는 일터에 컵이 준비되어 있는데, 가장 큰 문제는 위생적인 관리란다. 이 문제를 해결하는 것도 발명이란다.

여기서 잠시 '100만 달러의 사나이'를 탄생시킨 종이컵 발명 이야기를 살펴보자. 1907년 미국 하버드대학교에 재학 중이던 휴그 무어는 깊은 생각에 잠겨 있었단다. 발명가인 형 로렌스 루엘랜의 생수 자판기 사업이 부도 위기에 처해 있었거든. 이유인즉 생수 자판기에 사용하는 컵이 도자기 또는 유리컵이었기 때문에 너무 많이 깨졌기 때문이었단다.

'깨지지 않으면서 위생적인 컵만 있으면 되겠는데 좋은 방법이 없을까?'

며칠 동안 생각하던 휴그 무어의 머릿속에 쉽게 물에 젖지 않는 종이가 떠올랐단다.

'그래, 태블릿 종이는 쉽게 물에 젖지 않으니 물 컵을 만들 수 있을 거야.'

종이는 물에 젖으므로 컵을 만들 수 없을 것이라는 고정관념을 깬 휴그 무어는 종이컵을 발명할 수 있었고, 이 발명으로 당시 돈으로 100만 달러를 벌어들였단다. 형의 생수 자판기 사업이 다시 크게 발전한 것은 당연했지. 이어서 휴그 무어는 아이스크림을 담는 종이컵 등을 발명했는데 모두 크게 히트했단다.

사랑하는 손주들아! 외국 관광객들이 우리나라에서 관심을 갖는 것 중 하나가 전통 도자기란다. 특히 각종 다기에 관심을 갖고 구매하기도 한단다. 우리 민족 고유의 다기 등 컵을 오늘에 되살려 새롭게 재창조해 보거라. 모양과 구조 그리고 색깔을 현대의 시각으로 바라보렴. 너희들의 때 묻지 않은 창의적인 눈과 무한 상상을 통해 세계 최고의 컵을 탄생시킬 수 있을 것이다.

가방의 발명에도 도전하라

오늘 배우지 않으면 내일이 없고, 올해 배우지 않으면 내년이 없다.
— 주자

    사랑하는 손주들아! 너희들은 몇 개의 가방을 가지고 있니? 너희들 집안에 가지고 있는 가방을 모두 합하면 몇 개나 되니? 이렇게 물으면 몇 개 되지 않는다고 대답할 것이다. 그러나 가방의 기원 및 범위를 알면 그 대답은 크게 달라질 것이다.

    가방은 처음부터 가방의 형태를 갖춘 것이 아니었단다. 보자기에서 주머니와 자루를 거쳐 발전한 것이 가방이고, 그 종류도 손에 드는 핸드백, 어깨에 매는 배낭, 책을 넣는 책가방, 서류를 넣는 가방, 옷 등 짐을 담는 트렁크, 여행용 가방 등 실로 다양하단다. 이렇게만 생각해도 너희들 집안에 있는 가방은 경우에 따라 수십 개가 될 수도 있단다.

    너희들이 사용하고 있는 가방도 몇 개는 될 것이고, 아빠의 서류가방과 낚시 및 골프 등 각종 스포츠용품 가방, 엄마의 각종 핸드백, 형제자매의 각종 가방, 개인 또는 가족용 여행 가방 등 집안 구석구석에 가방이 있을 것이다.

한 마디로 신발 다음으로 많은 것이 가방일 수도 있는 것이다.

그런데 세상에 존재하는 가방은 이보다 몇백 배나 많단다. 우선 학교에서 살펴보자. 수십 종류의 가방을 발견할 수 있을 것이다.

다음에는 거리에 나가보자. 남녀노소 할 것 없이 거의 모두 가방을 들거나 매거나 짊어지고 있을 것이다. 할아버지가 살펴보니 거리에서 볼 수 있는 가방의 종류만도 족히 수백 가지는 될 것 같더구나.

거리를 지나 터미널이나 기차역으로 가보면 역시 수백 가지의 가방을 발견할 수 있을 것이다.

마지막으로 국제공항에 가보자. 마치 세계 가방 전시회에 온 기분일 것이다. 형형색색의 각종 가방을 바라보면 입는 옷만큼이나 다양하다는 생각이 들 것이다. 이렇게 생각하니 할아버지도 꽤나 많은 가방을 가지고 있는 것 같구나.

가격도 큰 차이가 나서 몇천 원에서 몇백만 원까지 다양하단다. 보통사람의 눈으로 바라보면 비슷비슷한 가방들인데, 왜 이처럼 가격 차이가 크게 나는 걸까?

답은 간단하단다. 특허 · 실용신안 · 디자인 · 상표 권리가 있느냐 없느냐 차이란다.

같은 재료와 기능이라도 특허와 실용신안 권리가 있느냐 없느냐에 따라 가격이 다르고, 비슷한 형상 · 모양 · 색채라 해도 디자인 권리가 있느냐 없느냐에 따라 가격이 천차만별이란다. 결국 가격은 발명과 창작이 좌우한다 할 수 있겠다. 이 때문에 가방을 연구하는 발명가와 디자이너가 생각보다 많단다.

사랑하는 손주들아! 이제 가방은 단순히 무엇인가를 담는 것만이 아니란다. 몸에 지니는 것이므로 안전해야 하며, 형상 · 모양 · 색채가 아름다운 것은 물론이고, 충격흡수 · 방수 · 방염 · 냉방 · 난방 · 진공 등 각종 기능이 있어야 한단다. 화재가 나도 안전하고, 세월호처럼 천 일 이상 물속에 있어도 젖지 않고, 지진 등으로 무너진 건물더미 밑에 깔려도 형체를 유지하는 등 슈퍼 가방이어야 한단다.

도난의 염려도 없어야 한단다. 즉, 몸에서 가방이 멀어지거나, 주인이 아닌 사람의 손이 잠금장치를 열거나, 예리한 칼날로 자를 경우 요란한 경보음을 내는 등의 센서를 장착하는 등 도난 방지 기능을 갖춰야 한단다.

때로는 크기를 늘려 추위

학생 발명가 에디 남의 날개달린 가방

와 더위를 피해 잠을 자는 등 휴식공간으로 쓸 수도 있어야 할 것이다.

전문가에게 문의하니 이미 발명되어 있는 신소재와 기술만으로도 실현 가능한 발명이고, 학생들도 어렵지 않게 할 수 있는 발명이라고 하더구나.

사랑하는 손주들아! 할아버지의 이야기를 읽고 난 다음 가방을 바라보니 어떤 생각이 드니? 할아버지의 발명 철학인 '발명은 가까운 곳에서 시작된단다'가 실감 나지 않니? 모두 그런 생각이 들었으면 좋겠다.

도구의 발명에도 도전하라

솜씨 없는 일꾼이 연장 탓한다.
— 전통 속담

사랑하는 손주들아! 인류가 힘센 동물들을 이겨내고 만물의 영장이 될 수 있었던 것은 발명을 할 수 있는 지혜가 있었기 때문이란다. 그렇다면 어떤 발명이 그처럼 큰 힘이 되었을까?

가장 큰 힘이 되어준 것은은 도구道具의 발명이었단다. 도구란 '어떤 일을 할 때 쓰는 연장을 통틀어 이르는 말'이지. 도구를 이용해 원시인들은 힘센 동물들을 이겨낼 수 있었고, 인류가 문명생활을 할 수 있는 길이 열렸단다. 도구의 발명은 인간이 육지는 물론 바다와 하늘도 지배하게 했고, 오늘날에는 급기야 우주까지 넘보게 되었단다.

도구를 사용하느냐 그렇지 않느냐는 인간과 동물을 구별하는 기준이기도 하단다. 동물은 도구를 사용하지 못하기 때문이란다.

그렇다면 도구는 언제부터, 어떤 종류의, 무엇부터 발명되었을까? 발굴되어 확인된 인류 최초의 도구는 약 260만 년 전인 '플라이오세' 때의 것으로,

돌도끼란다. 여기서 플라이오세란 500만 년 전부터 200만 년 전 아주 옛날이란다.

도구의 종류로는 손 공구 · 보조 공구 · 측정 공구 · 동력 공구 · 공작 기계 등을 들 수 있는데, 석기시대의 돌도끼 · 정 · 톱 등이 그 원조라 할 수 있단다.

도구는 석기시대 · 청동기시대 · 철기시대를 거치면서 발전하였으며, 이것이 나아가 근대 산업혁명을 이끌었고 오늘날 제4차 산업혁명으로까지 이어지고 있는 것이다.

도구의 발전 과정을 따라가다 보면 너희들의 발명해야 할 것이 떠오르리라 생각되는구나. 그러니 시대별로 살펴보기로 하자.

석기시대에는 주로 돌로 만든 도구를 사용하였는데, 대표적인 도구로는 돌도끼를 들 수 있었다. 돌을 자연 그대로 사용하다가 깨고 갈아 사용하는 과정을 거치면서 발전한 것이 돌도끼라 할 수 있는데, 물의 침식작용에 의해 마

모되어 손에 잡기 편한 날카로운 돌 수준에 지나지 않았단다. 이 돌도끼는 약 200만 년 동안 사용되었으며, 여기에서 발전한 것이 인공적으로 만든 손도끼란다.

손도끼는 자루가 없어 손으로 잡고 주로 사냥을 하는 데 썼으며, 깎고 파고 구멍을 뚫는 데 사용하기도 했단다. 그리고 11만여 년 전, 송곳·칼·작살이 발명되었단다. 톱도 이 시대에 등장하여 동물의 뿔과 뼈 그리고 나무를 자르는 데 사용되었단다.

한편 최초의 근대 인류로 불리는 크로마뇽인이 3만 5천 년 전에 등장하며 새로운 형태의 도구가 발명되었는데, 정교한 세공을 할 수 있는 정과 칼이 그것이었다. 덕분에 사람들은 바늘·낚시 바늘·화살촉 등도 발명할 수 있었단다. 이 시대 후반에는 각종 도구에 자루를 달아 사용하고, 활이 발명되기도 했단다.

이 같은 도구는 청동기시대와 철기시대를 거치면서 빠른 속도로 발전하였는데, 도구 제작에 처음 사용된 금속은 구리와 운철隕鐵이었단다. 구리를 제련하는 기술도 이 시대에 발명되었는데, 이 제련 기술은 각종 금속의 제련 기술로 이어지면서 금속 도구시대가 열렸단다.

철 제련 기술은 기원전 2500년에 중동 지방에서 탄생하였다. 철은 청동기보다 단단하여서 각종 기구나 무기를 만들기에 좋았지. 그래서 이로부터 약 100년 뒤 청동기가 철기로 대체되었단다. 초창기의 철기는 주로 무기였으나 차츰 농기구를 비롯한 각종 도구의 제작으로 이어졌단다. 철기시대의 절정기는 철의 가공 기술, 즉 탄소 첨가와 열처리 기술의 발명으로 강한 날이 달린 도구가 등장하면서부터 시작되었단다.

한편 도구는 타격도구, 절삭·천공·연삭도구·보조도구·나사식도구·측정도구·동력도구·공작기계·로봇 순으로 발전했고, 공작기계 및 로봇은 또다시 눈부신 발전을 거듭하여 사람 대신 컴퓨터에 의해 작동하기에 이르렀단다.

사랑하는 손주들아! 도구의 발명은 영원한 것이란다. 제4차 산업혁명시대에 적합한 도구를 발명하는 것은 너희들의 몫임을 기억해다오. 제4차 산업혁명이라는 용어도 따지고 보면 어려운 것이 아니란다. 너희들이 그동안 발명해온 것처럼 '좀 더 편리하게, 좀 더 아름답게'에서부터 시작하면 된단다.

미세먼지 대책의 발명에도 도전하라

병에 걸리기 전까지는 건강이 얼마나 중요한지 모른다.
— 토마스 풀러

사랑하는 손주들아! 높고 푸른 하늘을 빼앗아가 버린 미세먼지를 어쩌면 좋을까? 이대로 방치하면 연간 수만 명이 조기 사망할 수도 있다는데 어떻게 하면 좋겠니? 그 문제의 근원이 대부분 중국이라는데 어떻게 대응해야 할까? 어른들은 실현 불가능한 이야기만 하는데 현실적인 방법으로는 무엇이 있을까? 사실상 단기적으로는 해결할 방법이 없으니 장기적으로 대처하기 위한 방법은 무엇일까? 정부가 '미세먼지 특별 대책'까지 발표하고 대책 마련에 나선지 오래지만, 그 효과가 언제 나타날지는 솔직히 아무도 모른단다. 한 마디로 확실한 대책은 없고 공포만 있으니 걱정이로구나.

할아버지가 너희들에게 엉뚱한 질문을 한 것 같아 면목이 없구나. 그러나 정부와 어른들이 아무리 노력해도 빠른 시일 안에 해결되기는 사실상 어렵고, 결국은 너희들 시대에나 해결될 것 같아 해 본 이야기란다.

중국은 물론 일본과 긴밀한 협조를 통해 문제의 근원을 해결하고, 나머지

문제는 정부와 어른들이 장기적으로 해결할 대책을 마련해야겠지. 실제로 각종 대책을 마련하기 위해 최선을 다하고 있단다.

사랑하는 손주들아! 호랑이를 잡으려면 호랑이 굴에 들어가야 한다는 말이 있단다. 미세먼지를 잡으려면 미세먼지가 무엇인지부터 알아보는 것이 순서일 것 같구나. 미세먼지란 '눈으로는 분간하기 어려울 정도로 아주 작은 먼지'로 대기오염의 주범이라 할 수 있단다. 도대체 얼마나 작은지 흔히 쓰는 단위로는 설명조차 불가능하단다. 즉, 마이크로미터㎛라는 단위로 밖에 설명할 수 없는데, 1 마이크로미터는 1미터의 100만 분의 1이란다. 지름이 10마이크로미터 이하이면 미세먼지이고, 지름이 2.5㎛ 이하이면 초미세먼지라고 한다.

눈에 보이지도 않을 정도로 작은 이 미세먼지를 왜 무서워하며 공포에 떨고 있을까? 미세먼지와 이에 버금갈 정도로 공포의 대상인 황사 속에는 인체에 해로운 납·카드뮴·알루미늄 등 호흡기에 나쁜 영향을 미치는 각종 중금속이 포함되어 있기 때문이란다. 이 때문에 미세 먼지는 천식·만성 기관지염·만성 폐질환·후두염·심장질환·아토피·안구질환 등 각종 질병을 일으킨단다. 실제로 세계보건기구WHO 산하 국제암연구소는 미세먼지를

1급 발암물질로 지정했으며, 미국 암학회는 초미세먼지가 1㎥당 10마이크로그램µg 증가하면 사망률이 7% 증가한다는 연구결과를 발표하기도 했단다. 더욱 심각한 문제는, 일반 먼지는 코털이나 기관지 섬모에서 걸러지는 데 비해 미세먼지는 크기가 너무 작아 코털이나 섬모에 걸러지지 않고 몸에 들어가 폐 등에 쌓이게 된다는 점이다.

사랑하는 손주들아! 미세먼지는 사람에게만 해로운 것이 아니란다. 산업은 물론 기후 변화 및 생태계 등에도 큰 영향을 미치고 있단다. 물론 나쁜 영향이지. 사정이 이렇다면 이제 미세먼지와의 전쟁을 벌여야 하지 않겠니? 그러나 섣불리 얕잡아보고 단편적으로 전쟁을 벌였다가는 큰 코를 다칠 수 있다. 모든 분야의 전문가는 물론 전 국민이 혼연일체가 되어 손자병법 같은 전략을 마련해야 한단다. 그만큼 무서운 존재란다.

그렇다면 너희들의 몫은 무엇일까? 우선 너희들 자신부터 미세먼지로부터 지키도록 하려무나. 아침에 학교에 갈 때는 반드시 마스크를 준비하고, 집에 돌아오면 목욕하는 것을 잊지 말거라. 눈과 목도 씻어내고, 물을 자주 마시는 것도 좋은 방법이란다.

동시에 미세먼지와 싸워 이겨낼 수 있는 발명에도 도전하렴. 기능성 마스크라면 너희들도 도전해 볼 만하리라는 생각이 드는구나. 방진 마스크를 아주 작고 예쁘게 만드는 방법도 상상해 보고, 때로는 눈·코·입을 가리는 탈도 상상해 보아라. 아울러 무한 상상을 통해 미세먼지를 이겨낼 수 있는 슈퍼맨도 되어 보아라. 건물을 비롯한 모든 시설물이 미세먼지를 빨아들이는 상상을 해 보고, 몸 안에 쌓인 독을 해독하듯 미세먼지를 분해하는 상상도 해 보아라. 또한 '부직포가 정전기를 일으켜 황사와 미세먼지를 잡는다는 원리'를 이용한 마스크가 큰 인기를 끌고 있다면, 또 다른 원리도 찾아 보아라. 모든 꿈이 이루어지듯 너희들의 상상도 모두 이루어질 것이다.

캐릭터에도 도전하라

사람들이 미워하더라도 살펴보고, 좋아하더라도 살펴보아야 한다.
— 공자

사랑하는 손주들아! 캐릭터 하면 무엇이 제일 먼저 떠오르니? 너희들 또래의 전국 규모 학생 전시회에서 수상한 학생들에게 물으니 미키마우스와 뽀로로를 제일로 꼽더구나. 미키마우스는 미국의 월트 디즈니가 탄생시켰고, 뽀로로는 우리나라 아이코닉스 엔터테인먼트 최종일 대표가 탄생시킨 것으로 미키마우스에 버금가는 캐릭터라 할 수 있단다.

캐릭터의 중요성을 물었더니 어디서 배웠는지 지식재산권 중 저작권에 해당하고, 권리 존속 기간이 작가가 세상을 떠난 뒤 70년이라는 사실까지 알고 있더구나. 더 놀라운 것은 캐릭터는 특허 · 실용신안 · 디자인 등록은 받을 수 없으나, 장난감과 인형 등으로 형상화하거나 가방과 의류 등에 인쇄하면 디자인 등록이 가능하다는 사실까지 알고 있더구나.

이들 학생들은 한국학교발명협회 등이 주최하는 전국 규모 캐릭터 그리기 대회에 출전하기 위하여 공부하는 과정에서 배웠다고 하더구나. 그런데 같

은 또래의 학생인데도 캐릭터가 무엇인지를 모르는 학생이 생각보다 많다고 한다. 그러니 캐릭터가 무엇인지부터 알아보기로 하자.

캐릭터란 한 마디로 '소설이나 연극·만화·애니메이션 등의 작품 속에 등장하는 인물' 또는 '그 인물의 외모나 성격에 의해 독특한 특성이 주어진 존재'를 말한단다.

여기서 인물 및 존재는 사람인 경우도 있고, 동물·식물·우주인·로봇일 수도 있단다. 또 대체로 인물은 상징화하고 동물과 식물 등은 의인화하여 특정 상품으로 개발하거나, 존재하는 사물 등을 보다 친근한 요소로 만들어 소비자에게 어필하기도 한단다.

소설이나 연극·만화·애니메이션 등이 히트하면 캐릭터도 히트하게 되는데, 지금까지 성공한 사례를 살펴보면 캐릭터의 주인공이 사람인 경우보다 동물과 로봇인 경우가 많았단다.

앞서 설명했듯이 캐릭터는 각종 물품·장난감·완구 등으로 형상화되거나 가방과 의류 등에 인쇄되어 소비자의 사랑을 받고 있단다. 물론 이 캐릭터를 사용하려면 작가에게 저작료를 지불해야 한단다.

그렇다면 세계 최초의 캐릭터는 무엇이고, 우리나라 최초의 캐릭터는 무엇일까?

세계 최초로 등장한 캐릭터는 영국의 동화작가이자 일러스트 작가인 베아트릭스 포터가 1893년 탄생시킨 '피터래빗'이란다. 1902년 동화 속의 주인공으로 세상에 선을 보였지. 이 동화는 30여 개 언어로 번역되어 1억 5천만 부 이상 팔렸으나 캐릭터가 상업화되지는 못했단다.

우리나라 초창기의 캐릭터는 홍길동·둘리·하니·태권V 등으로 알려지고 있는데, 태권V를 제외하고는 애니메이션이나 동화 속의 주인공으로 인기를 끌었을 뿐 상업적으로는 크게 성공하지 못했단다.

우리나라에서 상업화로 성공한 첫 번째 캐릭터는 1985년 탄생한 '부부보이'란다.

캐릭터로 지금까지 가장 많은 돈을 번 캐릭터로는 미키마우스를 들 수 있고, 우리나라 캐릭터로는 뽀로로를 들 수 있단다.

뽀로로는 발명 교육용으로도 제작되었는데, '에디는 발명가'·'발명왕 뽀로로'·'뽀로로 발명대회에 가다'·'뽀로로 상표를 만들다' 등이 있단다. 이 애니메이션들은 전 세계에 있는 너희들 또래 학생들의 발명 교육에 활용되고 있단다.

사랑하는 손주들아! 캐릭터는 특허·실용신안·디자인·상표와 함께 최고의 지식재산권으로 뿌리를 내리고 있단다. 이제 캐릭터에도 관심을 가져다오. 캐릭터는 쉬운 것도 어려운 것도 아니란다. 너희들은 쉽다는 생각으로 도전하여 능력을 키워갔으면 좋겠다.

좋은 캐릭터란 단순히 귀여운 이미지에 그치지 않고 독특한 개성을 갖추고 있어야 한단다. 미키마우스 · 푸우 · 스누피 · 헬로키티 · 아톰 등이 꾸준히 사랑을 받는 것도, 뽀로로가 단숨에 세계를 석권한 것도 모두 귀여운 이미지와 독특한 개성 때문이라고 해도 무리가 아니란다.

또한 앞으로의 캐릭터는 뽀로로처럼 가족으로 탄생시켜야 성공할 확률이 높단다. 펭귄 뽀로로, 여우 에디, 비버 루피, 펭귄 패티, 백곰 포비, 공룡 크롱, 벌새 해리 등 '뽀로로와 친구들'은 각종 애니메이션은 물론 다양한 상품화가 가능하다는 장점을 가지고 있단다.

이런 점들을 인지하고 캐릭터 발명에도 도전해보자꾸나. 너희들의 무한 상상력이면 세계를 석권할 만한 캐릭터를 발명하는 것도 가능할 것이다.

경영도 발명처럼 중요하단다

의심스러운 사람은 쓰지 말고, 사람을 썼거든 의심하지 마라.
— 명심보감

    사랑하는 손주들아! 너희들은 아직 '경영'이라는 말의 의미를 자세히는 모를 것이다. 물론 교과서에 나오는 용어니까 낱말의 뜻은 알고 있겠지. 그러나 너희들은 우리나라 미래의 주인공이고, 모두 자기 분야를 경영해 갈 훌륭한 인재가 될 것이므로 할아버지의 발명 철학과 경영 이념을 쉽게 설명해 주려고 한단다.

    할아버지는 이 책을 너희들의 부모님과 선생님 그리고 이웃들이 함께 읽기를 바라고 있으며, 또 그럴 수 있는 방향으로 글을 썼단다. 이 장의 글은 더욱 그렇단다.

    할아버지의 발명 철학은 '인류 생명 연장의 꿈을 발명으로 이루어 모든 사람들이 편안하고 안전하고 풍요로운 삶을 영위하게 하는 것'이란다.

    또한 경영 이념도 발명 철학과 함께 '정열적이고 정직하며 정성을 다해 고객에게 최고의 제품, 최상의 서비스를 제공하여 풍요로운 삶, 건강한 삶을 영위하도록 하는 것'이란다.

사랑하는 손주들아! 우리나라는 아직도 원천 특허 기술이 부족하여 매년 수조 원의 로열티, 즉 특허권 사용료를 외국에 지불하고 있단다. 우리나라가 반도체와 휴대전화 등에서 세계적인 강국이 됐다지만 이런 제품을 많이 만들어 팔면 팔수록 외국에 지급하는 로열티도 눈덩이처럼 불어나고 있단다. 따라서 세계 속의 기업으로 우뚝 서서 국가 경제를 발전시키기 위해서는 세계적인 발명을 해야 한단다. 이 때문에 할아버지는 세계적인 발명을 하기 위해 그간 최선을 다해 왔단다.

실제로 할아버지는 선진국과 같은 시기인 90년대 초반부터 세계적인 발명을 하기 위해 노력해 왔으며, 드디어 발명에 성공하였단다. 할아버지가 경영하는 주식회사 그래미에서 그 제품을 생산하고 있는데, 이미 세계의 건강 문화를 선도하는 발명 특허 기업으로 우뚝 섰단다. 이제 주식회사 그래미는 특허 전쟁의 승리자로 국가 경제발전은 물론 '인류 생명 연장의 꿈을 실현하는

남종현센터(철원 소재)

세계적인 기업'으로 발돋움하고 있다.

　사랑하는 손주들아! 기업을 발전시키고 운영해 나가기 위해 가장 중요한 것이 바로 고객의 신뢰란다. 과거 산업 중심의 경제 상황에서는 단순히 제품을 생산·공급하면 기업의 임무를 다한 것으로 생각했단다. 그러나 지금은 고객이 원하는 제품을 생산하는 것은 물론이고 제품 공급과 동시에 고객이 만족할 수 있는 서비스도 함께 제공해야 하는 고객 중심의 경영 시대란다. 정보통신의 발달로 쌍방향 커뮤니케이션이 자연스럽게 전개되는 오늘날, 제품이나 서비스에 대한 고객의 불만은 곧바로 기업의 생존과도 직결되는 상황이란다.

　이에 부응하여 할아버지는 발명 특허로 이루어진 세계 최고의 제품과 서비스로 고객의 만족과 가치를 창출하고, 기업의 이익보다는 고객과 하나가 되는 고객 만족 경영을 이루어 고객으로부터 신뢰받는 기업을 만들기 위해 노력해 왔단다.

할아버지가 경영하는 기업의 비전VISION도 '인류에게 건강하고 풍요로운 삶을 제공하는 세계 제일의 발명 특허 기업'이 되는 것이란다. 즉, 끊임없는 연구 개발로 탄생한 우수한 특허 기술을 바탕으로 제품을 개발하며, 정열·정직·정성을 사훈으로 고객에게 최선을 다하는 기업으로서 혁신적인 발명 제품을 통해 인류의 기업으로 성장하는 것이란다. 결론적으로 말하면 '인류의 삶의 질을 한층 더 높여주는 21세기 초일류 발명 특허 기업으로 성장'하는 것이란다.

사랑하는 손주들아! 할아버지의 마지막 꿈은 너희들이 할아버지보다 더 훌륭한 발명가와 경영인이 되는 것이고, 꼭 그렇게 되도록 지원하는 발명가와 경영인이 되는 것이란다. 너희들의 시대에는 너희들이 모든 분야의 세계 최고가 되기를 바란다.

'남종현 발명역사관'으로 초대한다

발명은 가까운 곳에서 시작된다.
— 남종현

    사랑하는 손주들아! 너희들을 '남종현 발명역사관'으로 초대한다. 학교에서 철원으로 수학여행이나 현장학습을 오게 되면 이곳을 찾아다오. 할아버지가 너희들을 기다리고 있겠다.

    '남종현 발명역사관'은 발명가를 꿈꾸고 있는 발명 꿈나무들을 위해 설립한 곳으로, 할아버지가 발명으로 이루어낸 성공신화를 눈으로 확인하며 '나도 할 수 있다'라는 꿈과 희망을 주기 위해 2009년에 개관하였단다. 물론 무료입장이며, 방문 기념 선물도 준비하고 있단다. '남종현 발명역사관'은 환영관 · 발명관 · 사회공헌관 · 국내수상관 · 해외수상관 · 의상관 · 유물관 · 스포츠관 · 발명품 전시관 · 자료관 등으로 분류되어 있단다.

    입구의 '환영관'에는 금탑산업훈장 수훈 등 할아버지의 대표적인 업적과 경력 등이 전시되어 있단다. 이어지는 '발명관'은 발명을 꿈꾸는 청소년에게 꿈과 희망을 심어주는 공간으로 '대한민국 GLAMI AWARD 청소년 발명아이디어 경진대회'와 '대평 남종현 발명문화상' 등 수많은 시상과 장학사업 및 강의를 통해 발명을 장려하는 할아버지의 활동 내용을 전시해 놓은 공간이란다.

'사회공헌관'은 할아버지가 인류의 행복을 위해 나눔과 봉사를 실천하고 있는 현장 소식을 전시해 놓은 공간이란다. 할아버지는 기업 이윤의 사회 환원이라는 신념으로 초·중·고·대학과 경찰관 자녀, 소방관 자녀, 불우청소년 등을 위해 '대평발명장학금'을 지급하고 있으며, 철원 1호 아너소사이어티 회원으로도 가입되어 있단다.

'국내수상관'에는 할아버지가 국내에서 수상한 상들을 전시해 놓았단다. 금탑산업훈장뿐만 아니라 대한민국의 노벨상이라 불리는 '장영실과학문화대상'과 '제4회 자랑스러운 한국인대상'을 비롯하여 600여 건의 상장과 상패 그리고 트로피 및 메달을 볼 수 있는 공간이란다.

'해외수상관'은 할아버지가 세계 10대 발명전의 그랑프리를 석권하며 세계

발명왕에 등극한 해외활동을 중심으로 전시되어 있단다. 할아버지는 1994년 스위스 제네바 국제 발명전에서 천연 조미료인 '육향'이라는 발명품으로 은상을 받은 데서 시작하여, 여명808·다미나909·여명1004 등 식음료 부문의 수많은 발명품으로 세계 10대 발명전의 최고상을 연속 석권하였단다. 특히 미국 피츠버그 발명전은 세계에서 가장 성대하게 치러지는 발명전 중 하나인데, 이 대회가 생긴 이래 아시아인 최초로 3관왕을 석권하는 영예를 차지하기도 했단다.

'의상관'에는 전통의상인 '대수포'라는 옷 등이 전시되어 있단다. 대수포는 옛날 왕족이나 귀족이 입었던 대례복으로, 2006년도 주식회사 그래미의 주관으로 열린 '서울 세계 의상 페스티벌' 당시 53개국 주한외교 사절단들과 그 가족들을 모두 초청하여 한국의 문화와 우수성을 전 세계에 알렸던 행사에 사용되었던 의상이란다. 그 옆쪽으로 할아버지가 각종 명예박사 학위를 받을 때 직접 입었던 의복과 학위기 그리고 명예소방서장 의복이 전시되어 있단다.

'유물관'은 할아버지의 선조이신 '죽리 남태기' 님의 유물을 전시한 공간이란다. 이곳에 있는 백자는 KBS '진품명품' 프로그램에서 10억 원의 감정가를 받은 '유품함'으로 역사적 가치를 인정받은 유물로 확인되었단다.

'스포츠관'은 할아버지가 비인기 종목 선수들이 대한민국 최고의 국가대표 선수로 성장할 수 있는 기틀을 마련하고자 많은 지원을 하고 있는 모습을 전시한 공간이란다. 할아버지는 유소년 스포츠, 장애인 체육을 비롯하여 열악한 비인기 종목을 중심으로 축구·복싱·마라톤 등의 행사를 지원하고 있단다.

'발명품 전시관'은 할아버지의 '인류 생명 연장의 꿈을 실현한다는 발명 및 경영 철학'을 바탕으로 수많은 실험을 통해 탄생된 대표적인 발명품 숙취 해소음료 여명808, 건강에 좋은 천연 차 다미나909, 화상 치료제 덴데, 아토피 치료제, 암 치료제, 고지혈증 치료제 등 6개 특허의 제품을 전시해 놓은 공간이란다.

마지막으로 '자료관'에는 1963년부터 발행된 우리나라 특허공보 1호부터의 자료들이 모두 전시되어 있어 대한민국 발명의 역사를 느껴볼 수 있단다. 이에 따라 매년 수많은 기업과 단체에서 할아버지의 강의와 견학을 요청하고 있으며, 단체의 희망에 따라 다양한 연수 교육을 진행하고 있단다.

남종현 발명역사관(강원도 철원 주식회사 그래미 본사 소재)

여명(黎明)

세계 발명왕
남종현

찬란한 아침 해가 방방곡곡 비추고

동방의 자랑스런 민족의 등불 되어

새 천년 영광만 한없이 펼쳐지리

새벽녘 들려오는 여명의 종소리

전국이 여명으로 빛나는 조국강산

아! 내일도 여명이 밝아오네

"

사랑하는 손주들아!
발명은 가까운 곳에서 시작된단다.

"

사랑하는 손주들아! 발명은 가까운 곳에서 시작된단다

초판 1쇄 발행일 2017년 8월 8일 • 초판 3쇄 발행일 2018년 6월 12일
지은이 남종현
펴낸곳 (주)도서출판 예문 • 펴낸이 이주현
등록번호 제307 · 2009 · 48호 • 등록일 1995년 3월 22일 • 전화 02 · 765 · 2306
팩스 02 · 765 · 9306 • 홈페이지 www.yemun.co.kr
주소 서울시 강북구 솔샘로67길 62 코리아나빌딩 904호

© 2017, 남종현
ISBN 978-89-5659-335-7 44500
ISBN 978-89-5659-336-4 44500 (세트)